AF395033

SCIENTIA

Janvier 1900.

BIOLOGIE

n° 7.

L'IRRITABILITÉ
DANS LA SÉRIE ANIMALE

PAR

LE DR DENIS COURTADE

Ancien interne des hôpitaux,
Ancien Chef de laboratoire à la Faculté de médecine,
Lauréat de l'Institut.

8° R
16939 bis (7)

TABLE DES MATIÈRES

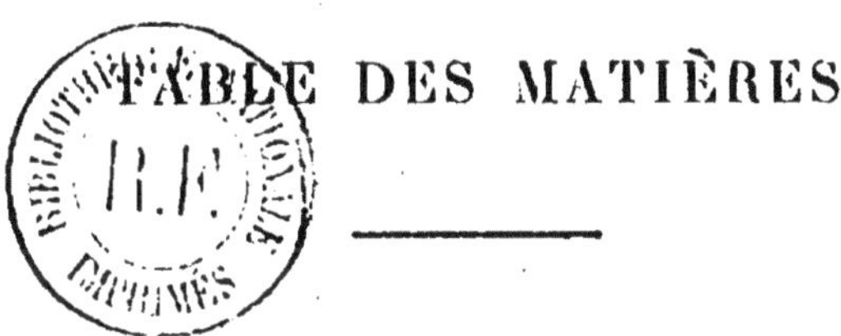

L'IRRITABILITÉ

DANS LA SÉRIE ANIMALE

CHAPITRE PREMIER

HISTORIQUE

Parmi les questions que soulève l'étude de la physiologie générale, nulle n'est plus importante que celle de la nature de l'irritabilité. Chercher à déterminer son essence, c'est en effet chercher à pénétrer le mystère des phénomènes vitaux ; c'est se demander pourquoi la matière vivante existe, quelle est son origine, comment elle peut persister depuis de si longs siècles toujours semblable à elle-même, malgré la complexité de sa structure, et quel lien la relie au reste de l'univers.

Pendant les siècles qui nous ont précédés, la science, manquant de point d'appui stable, a erré d'hypothèses en hypothèses, et il ne pouvait guère en être autrement. Toutes les théories étaient faites en quelque sorte *a priori* et ne reposaient pas sur des faits réels ou sur des expériences dont le déterminisme était nettement établi. Pendant très longtemps on n'a pas même cherché à se rendre un compte exact de leur valeur absolue : le respect des anciens était poussé à ses dernières limites et il suffisait qu'Aristote, Hippocrate ou Galien aient émis une hypothèse sur une question quelconque, pour qu'il fût interdit à tout esprit libre d'avoir des idées paraissant la contredire. Or, toute hypothèse, pour si ingénieuse qu'elle soit, n'est jamais une découverte ; c'est plutôt un navire que l'on frète pour aller à la recherche d'un monde nouveau de faits, et toute théorie qui ne repose pas sur des faits certains ne saurait être discutée (1).

Dès les temps les plus anciens, nous voyons les philosophes d'abord, puis les médecins attentifs à rechercher le principe de la vie. On peut trouver jusque dans le Rig-Véda (le plus ancien des hymnes indiens) et dans les chants d'Homère, des traces de recherches portées dans cette direction (Daremberg, Hist. des sc. méd., p. 1170). Pour expliquer la vie, les anciens admettaient une puissance supérieure qui l'entretenait, la préservait, veillait sur elle et s'efforçait de vaincre tous les obstacles qui venaient entraver son bon fonctionnement. Il faut, comme le fait remarquer Lasègue (Du vitalisme, *Arch. génér. de médec.*, 1860), considérer le vitalisme des anciens, non pas seulement comme un système à l'usage des médecins, mais comme faisant partie des dogmes philosophiques en honneur à cette époque. « En superposant la nature à la vie, le « médecin ne se bornait pas à substituer une dénomination à une « autre, il consacrait, en l'appliquant à la médecine, le principe « général que lui avaient enseigné les philosophes. L'homme, par- « tie intégrante du monde, était soumis à la nature comme le « monde entier : mais, élément privilégié, il représentait, sous la « forme la mieux accusée, le mode d'existence de la création. L'an- « tiquité se représenta la nature comme la vie universelle dont la « vie humaine devenait l'expression la plus haute ». Cette conception de l'essence des phénomènes vitaux à laquelle se rattachent surtout les noms d'Hippocrate d'abord, puis de Galien, vécut en souveraine maîtresse pendant de longs siècles, et Jean Fernel, qui exerçait dans la première moitié du xvie siècle, admettait encore, dans un livre classique à cette époque, toutes les idées de Galien sur la médecine.

Au xvie siècle souffle un vent de réforme : on veut secouer le joug de l'ancienne médecine et la reconstruire sur de nouvelles bases. C'est à cette époque qu'il faut placer les promoteurs des

---

(1) Je ne saurais, dans un opuscule aussi restreint, entreprendre l'historique complet de la question. Je renverrai pour cela aux histoires de la médecine de Daremberg, de Renouard, à l'article de L. Boyer, publié dans le *Dictionnaire Dechambre*, et à l'étude de l'irritabilité publiée dans le même dictionnaire par M. Gley. Je me bornerai seulement à donner une idée des différentes théories que nos prédécesseurs ont émises pour arriver à résoudre le problème de la vie.

sciences occultes, tels que Corneille Agrippa, Jérôme Cardan, et surtout Paracelse (1493, 1541). Ces médecins s'efforçaient d'expliquer tout ce qu'ils voyaient par l'inspiration directe de Dieu, le commerce avec les démons ou par la découverte des secrets de la magie et de l'alchimie. Van Helmont vint plus tard (1577-1644). Ses théories, quoique moins extravagantes, sont pourtant empreintes de la plus grande fantaisie et tendent à expliquer tous les phénomènes vitaux au moyen des archées et des ferments.

Jusqu'ici la matière organisée n'était pas considérée comme vivante par elle-même : c'étaient des forces immatérielles qui la faisaient agir (esprits vitaux, nature d'Hippocrate, archée de Van Helmont). Ce fut seulement vers le milieu du xviie siècle que François Glisson (1634-1677), professeur à l'Université d'Oxford, admit dans la nature organisée vivante une force spéciale qu'il dénomma le premier « *irritabilité* », et qui lui parut suffisante pour expliquer tous les phénomènes vitaux. Pour Glisson, la fibre est douée d'une perception naturelle, d'une faculté innée de percevoir l'irritation et de réagir : cette faculté est bien inhérente à la matière elle-même et ne lui vient ni de l'extérieur, ni du cerveau. Ainsi la contraction musculaire est due pour lui à l'action d'un stimulus agissant sur le principe de l'irritabilité de la fibre. La conception glissonnienne de l'irritabilité se rattache à la conception que ce médecin philosophe se faisait de la matière en général. Il considérait, en effet, la matière comme active, animée, douée d'un principe intérieur d'action qui n'agit pas d'une manière aveugle, mais qui a des buts à atteindre et cherche les moyens d'y parvenir. Il applique ces principes aux corps organisés et professe que toute fibre animale possède une force qu'il nomme irritabilité et qui a pour attributs la perception, l'appétit et le mouvement. Glisson est très explicite dans ses idées et le passage suivant ne laisse aucun doute à cet égard. « Les substances matérielles sont-elles « douées de la nature vitale ? Jusqu'ici l'esprit des hommes « semble imbu de ce préjugé que la matière est une chose insen- « sible, inerte, entièrement passive, destinée seulement au rem- « plissage du monde : donc, il nous incombe de prouver que la « matière est non seulement susceptible de nature vitale, mais « vivante en acte, c'est-à-dire douée des facultés vitales, percep- « tive, appétitive, motrice » (Tractatus de natura substantiæ energetica, citation de Daremberg. Hist. des sc. méd., t. II, p. 651).

Ces théories sur l'irritabilité constituent un progrès notable sur les théories anciennes qui avaient alors cours. Glisson considère en effet les phénomènes qui se passent dans la matière organisée, non comme soumis à des êtres distincts ayant une nature différente des parties dont ils dirigent l'activité, mais comme des propriétés de ces mêmes parties. Malheureusement, cette idée, qui aurait dû cependant attirer bien plus l'attention de ses contemporains, était plutôt une conception de l'esprit ne reposant sur aucune donnée expérimentale : de plus Glisson se lance trop souvent dans des considérations métaphysiques qui le font dévier de la vérité, et sa doctrine passa inaperçue. Elle était peut-être aussi un peu trop subversive pour son époque ; mais elle recevra plus tard une confirmation éclatante par suite des travaux de Haller, Bichat et Claude Bernard.

A cette époque, l'extension toujours croissante des sciences naturelles, physiques et chimiques fit naître divers systèmes qui prirent les noms d'*iatrochimie* et d'*iatromécanisme*. On prétendait expliquer les fonctions des êtres vivants soit par les lois qui régissent les combinaisons intimes et élémentaires des corps, soit par les lois de la physique.

Les *iatrochimistes*, qui eurent pour premier promoteur Leboë, dit Sylvius (1614-1672), prétendaient expliquer tous les phénomènes de l'économie vivante par les seules lois de la chimie : ils ne voyaient qu'acides, alcalis, fermentations ; les âcretés alcalines et surtout acides des humeurs étaient la cause essentielle des maladies. Les *iatromécaniciens*, avec Bellini (1643-1704), Baglivi (1668-1706), Boerhaave (1668-1738), Hoffmann (1660-1742), ne voyaient partout que les effets de l'élasticité des tissus, du calibre des vaisseaux, du frottement. Pour Boerhaave, par exemple, les solides du corps humain constituent des cordes, des leviers, des pressoirs, une série enfin d'appareils mécaniques : la circulation des fluides est régie par les lois de l'hydraulique. Pour Hoffmann, la vie n'est autre chose qu'un mouvement circulaire vital et progressif du sang et des autres humeurs. L'augmentation de la vitesse du sang dans les affections fébriles est pour lui cette nature médicatrice si vantée par les anciens. Tout part de causes naturelles et nécessaires et tout s'opère mécaniquement. L'existence des esprits vitaux était cependant admise pour les phénomènes qui ne paraissaient pas susceptibles de recevoir une explication naturelle.

Au milieu de ces médecins qui expliquaient tout par des moyens physico-chimiques, se place la grande personnalité de Stahl (1660-1734) qui, avec Hoffmann, dirigeait la célèbre Université de Halle. Stahl commence par étudier les différences qui séparent les êtres vivants des corps bruts et reconnaît en eux des propriétés spéciales, dites vitales, en rapport avec une structure particulière. Il ne se contente pas de les distinguer les unes des autres ; il les met en opposition et suppose que les forces physico-chimiques tendent toujours à détruire les corps organisés vivants.

Quelle est d'après lui la nature des propriétés vitales ? Stahl ne veut pas admettre la théorie glissonnienne de l'irritabilité. Frappé par les rapports intimes qu'affectent le physique et le moral, il fait de l'âme le moteur universel. Pour lui l'âme commande à tous les phénomènes qui se passent en nous et agit continuellement. Nous n'avons pas conscience de son action lorsqu'elle est faible et nous ne la percevons que lorsqu'elle est très forte. C'est l'âme qui surveille ce qui se passe dans l'intérieur du corps et lutte contre les causes pouvant nuire au bon fonctionnement des organes.

Par quels moyens l'âme peut-elle agir sur le corps? Ce ne peut être ni par les archées de Van Helmont ni par les esprits vitaux ou animaux, ni par le fluide nerveux. Pour agir, l'âme possède à sa disposition une force qu'il appelle motrice, de nature immatérielle, et par l'intermédiaire de laquelle se produisent tantôt les mouvements volontaires, tantôt les mouvements involontaires se passant dans l'intérieur de nos organes. Cette puissance motrice de l'âme s'appuyait, d'après Stahl, sur une motilité inhérente à la matière vivante ; espèce de tonicité que l'on peut rapprocher de l'irritabilité de Glisson (1). L'âme seule était capable de mettre en action la matière, et il refusait cette propriété à tous les stimulants physiques et chimiques. On peut rapprocher de l'animisme de Stahl la théorie du principe vital émise beaucoup plus tard par Barthez (1734-1806).

Le commencement du xviiie siècle voit apparaître Haller (1708-1777). C'est à lui qu'est due la détermination expérimentale de quelques-unes des lois de l'irritabilité et de ses rapports avec les autres forces de l'organisme. Haller reconnaît dans les tissus

-----

(1) Boyer. Article Histoire de la médecine du *Dict. Dechambre*, p. 167.

vivants l'existence de deux forces. La première les ramène à leur position primitive quand ils en ont été écartés par le tiraillement : c'est une force purement physique à laquelle Haller avait donné le nom de *rétractilité, contractilité,* et que nous appelons *élasticité.* La seconde est une propriété vitale exclusive au muscle : Haller l'appelait *irritabilité,* mot qui correspond à ce que nous appelons *contractilité.* Enfin, ayant remarqué que l'irritation du tronc nerveux était douloureuse, il considéra la sensation comme une propriété vitale exclusive au nerf et lui donna le nom de *sensibilité.* En somme, pour résumer la théorie de Haller, les tissus étaient doués d'un côté d'une propriété purement physique, l'élasticité, et de l'autre de deux propriétés vitales, l'une inhérente à la fibre musculaire (contractilité), l'autre inhérente au nerf (sensibilité). Ces deux propriétés tenaient sous leur dépendance tous les phénomènes physiologiques.

On voit par cet exposé que Haller limita la signification de l'irritabilité et ne l'admit que pour le muscle et le nerf, tandis que Glisson l'avait admise pour tous les tissus. Mais il confirma son opinion par des expériences décisives. Il démontra que le mouvement des muscles dépendait uniquement de l'irritabilité de ses fibres et était une propriété inhérente à ses fibres elles-mêmes. Il prouva ensuite que la sensibilité est pour le nerf ce que la contractilité est pour le muscle. Tous les autres tissus n'avaient pour lui qu'une force d'élasticité qu'il appelait force morte.

Glisson avait fait un premier pas en émettant l'idée que la matière vivante était irritable par elle-même. Haller fit le second en démontrant l'irritabilité d'une partie de la matière, c'est-à-dire du muscle et du nerf, mais il ne va pas plus loin. Il ne veut pas expliquer pourquoi le muscle est irritable : il s'en tient à ce qu'il voit sans chercher à faire de théories, et il convient de citer les paroles par lesquelles il avoue son ignorance. « Ces propriétés, « cachées vraisemblablement dans la texture des dernières molé- « cules de la matière, sont hors de la portée du scalpel et du « microscope. Tout ce que l'on peut dire là-dessus se borne à des « conjectures que je ne hasarderai pas. Je suis trop éloigné de « vouloir enseigner quoique ce soit que j'ignore, et la vanité de « vouloir guider les autres dans des routes où l'on ne voit rien « soi-même, me paraît être le dernier degré de l'ignorance ». Cette citation nous démontre que l'esprit scientifique de Haller était à la hauteur de son génie.

Après Haller, Bichat et Broussais sont ceux qui font faire le plus de progrès à la doctrine de l'irritabilité. Bichat reprend en effet l'œuvre de Haller ; il s'attache à découvrir et à classer les propriétés de la matière. Pour lui les êtres vivants ont des propriétés spéciales, inhérentes à la matière organique et méritant le nom de propriétés vitales.

On peut les ramener à deux : la sensibilité et la contractilité, qui sont elles-mêmes divisées en organique (vie plastique ou nutritive) et animale (fonctions de relation). Bichat détermine, en outre, par l'expérimentation directe, les différences que présentent ces propriétés vitales dans les divers organes: Il constate que tous les tissus sont irritables et parfait ainsi l'œuvre de Haller qui n'avait décrit l'irritabilité que dans les muscles et les nerfs. Toutes les descriptions qu'il donne sont exactes ; mais il ne fait que décrire sans donner d'explications et on ignore absolument pourquoi la matière vivante est irritable.

Broussais confirme les idées de Haller et de Bichat ; il considère l'irritabilité, c'est-à-dire la faculté de réaction des organes contre les stimulants, comme une propriété essentielle de tout être vivant : pour lui, la vie semble résulter de l'irritation et les tissus, tant qu'ils vivent, sont continuellement excités. L'action de tous ces excitants est identique sur toutes les parties de l'organisme et provoque toujours leur irritation qui se manifeste par la contractilité et la sensibilité. La théorie de l'irritation de Broussais peut être rapprochée de *l'incitation* de Brown (1735-1798).

Nous venons de voir par quelles phases est passée l'histoire de l'irritabilité. Dès maintenant le fait en lui-même est parfaitement établi, mais il convient de l'expliquer et de se rendre compte de la nature exacte du phénomène. Voici un gastrocnémien de grenouille que l'on a complètement séparé du corps de l'animal après empoisonnement par le curare : ses terminaisons nerveuses sont tuées et cependant il peut se contracter quand on l'excite directement soit par un choc, soit par un courant électrique. Cette propriété de contraction est bien inhérente au tissu musculaire lui-même et n'appartient qu'à lui. Comment peut-elle se manifester ? par quel mécanisme cette excitation vient-elle provoquer une réponse de la part de l'élément vivant ? C'est ce que tous les auteurs que nous venons d'étudier ne nous font pas connaître.

La véritable notion de la nature de l'irritabilité date de la seconde moitié du XIXᵉ siècle et résulte surtout des admirables travaux de Claude Bernard. Ce grand physiologiste étudie les rapports de la matière organisée vivante avec le milieu qui l'entoure et rattache d'une façon définitive les phénomènes vitaux aux lois physico-chimiques. C'est là une des grandes gloires de Claude Bernard et celle qui démontre le plus la souplesse de son génie ; l'apparition des phénomènes qui caractérisent l'irritabilité est mise sous la dépendance des conditions physico-chimiques extérieures à l'élément vivant, et la matière douée de vie ne peut manifester ses propriétés que dans certaines conditions dont le déterminisme peut être parfaitement établi.

Je me suis proposé dans ce travail, non de faire une étude complète de l'irritabilité, ce qui demanderait beaucoup plus de place que celle dont il m'est permis de disposer, mais bien de présenter l'état actuel de nos connaissances sur ce sujet, et aussi de déterminer avec soin quels sont les problèmes que nous devrons nous efforcer de résoudre à l'avenir.

J'ai surtout utilisé pour arriver à ce double but :

1° Les travaux de Claude Bernard.

2° Les articles *Nerfs et grand sympathique*, publiés par M. François-Franck dans le dict. Dechambre.

3° L'article de M. Gley sur *l'irritabilité*, publié dans le même dictionnaire.

4° Les ouvrages de M. A. Gautier sur *La chimie de la cellule vivante* et *La chimie biologique*.

5° Y. Delage : *Structure du protoplasma et théories sur l'hérédité*.

6° O. Hertwig : *La cellule et les tissus*.

7° Duclaux : T. I et II du *Traité de Microbiologie*.

8° Mathias Duval : *Traité d'Histologie*.

9° Le Dantec ; *De la matière vivante* et *Théorie nouvelle de la vie*.

Les autres travaux cités dans le courant de l'ouvrage seront signalés en leur lieu et place.

CHAPITRE II

MORPHOLOGIE, STRUCTURE HISTOLOGIQUE

ET COMPOSITION CHIMIQUE DE LA MATIÈRE VIVANTE

La matière organique dite organisée se présente à nous sous deux aspects principaux : la plante et l'animal. Au point de vue morphologique général, il existe entre ces deux formes de la matière vivante de grandes différences, mais au point de vue histologique et chimique on ne saurait en trouver qui aient en elles-mêmes une importance capitale, et, pour si compliquée que paraisse la structure d'un animal ou d'une plante, on peut toujours la ramener à la conception d'une masse protoplasmique, ayant le plus habituellement la forme d'une cellule.

Cette notion si simple a commencé à se faire jour vers le milieu du xvii° siècle et la première impulsion fut donnée par l'étude de l'anatomie végétale. C'est le naturaliste anglais Robert Hooke qui, en 1665, découvrit dans les tissus des végétaux de petites cavités qu'il nomma *Cells*, d'où le nom de cellules. Hooke ne voyait, dans ce qu'il appelait cellule, que sa cavité ; il comparait le tissu d'une plante aux alvéoles d'un gâteau de miel, et les cellules représentaient des cavités juxtaposées et creusées dans la masse des tissus. Peu de temps après, Malpighi découvrit aussi et donna le nom d'utricules à de petites cavités situées dans l'intérieur des tissus et auxquelles il attribuait une paroi propre. Vers 1781, Fontana, dans son traité du venin de la vipère, décrit dans l'intérieur de la cellule un noyau avec un nucléole. Cette présence d'un noyau fut mise plus tard hors de doute par Robert Brown (1833).

De Malpighi à Dujardin (1835), malgré quelques travaux de Mirbel, Turpin, Dutrochet, nos connaissances, relativement à la cellule, firent peu de progrès. On considérait la cellule comme une cavité limitée par une membrane et renfermant un noyau flottant dans un contenu de nature indéterminée.

C'est Félix Dujardin qui, en 1835, découvre la véritable signification de l'élément cellulaire (Chatin, La cellule animale, p. 17). Ses premières études avaient porté sur l'organisation des animaux les plus inférieurs. En étudiant les infusoires, il avait reconnu que la plupart des différenciations du corps de ces êtres unicellulaires provenaient non de la membrane qui les enveloppe, mais de leur substance centrale, granuleuse et contractile, et il lui donna le nom de *Sarcode*. Dujardin recherche ensuite si d'autres êtres, moins élevés en organisation, ne seraient pas composés exclusivement par cette matière sarcodique, et il reconnaît que le corps des amibes présente la même structure que la partié centrale du corps des infusoires. Cette constatation ne fait que le confirmer dans son opinion première, et il n'hésite pas à faire de la portion sarcodique la partie principale de la cellule. Il généralise même et applique cette notion aux corps pluricellulaires ; il admet que la substance sarcodique se rencontre par exemple dans les œufs, les zoophytes, les vers et autres animaux (Delage, loc. cit., p. 30).

Ces idées de Dujardin furent d'abord incomprises. Schleiden (1838) et Schwann (1839) dont les études, l'un sur les plantes, l'autre sur les animaux, sont si importantes, considéraient toujours la membrane cellulaire comme la partie essentielle de la cellule. Kölliker (1845) et Bischoff (1842) remarquent cependant que de nombreuses cellules animales ne possèdent pas de membrane propre. Mohl (1846) donne à la substance intracellulaire qu'il appelle protoplasma (nom donné par Purkinje) une importance plus grande que celle de la membrane. Enfin Leydig (Traité d'Histologie comparée, 1856) et Max Schultze (1860) reviennent aux idées de Dujardin et redonnent au protoplasma toute son importance.

Depuis cette époque, grâce aux travaux de Ranvier, Arnold, Balbiani, Strassburger, etc., les notions sur la constitution de la cellule se sont complétées. Le protoplasma, qui était considéré jusque-là comme la partie la plus importante de la cellule, passe au second rang au profit du noyau qui devient ainsi la partie noble de l'élément vivant.

Morphologie et structure histologique. — Comme la cellule

est le point de départ de tout organismè, il importe d'en avoir
une notion exacte. Nous n'avons pas à en faire ici une description complète; nous ne dirons que ce qui est nécessaire pour
arriver à bien comprendre le mécanisme de l'irritabilité.

Toute cellule est composée de deux parties essentielles : le *protoplasma*, encore appelé cytoplasma, et le *noyau* (nucléoplasma).

Chez les végétaux la cellule entière est entourée d'une *membrane* complète, formée de cellulose. Chez les animaux cette enveloppe fait habituellement défaut et le protoplasma est à nu. Il
ne se mêle pas cependant avec les liquides qui l'entourent : il en
est séparé par ce que l'on appelle *la tension superficielle*. Lorsque
l'on verse très lentement du vin dans un verre contenant de
l'eau, on obtient par différence de densité une couche supérieure
de vin qui, d'abord très nette, ne tarde pas à diffuser, et les deux
liquides se mélangent complètement. Le même fait ne se produit
pas lorsque l'on verse de l'eau sur du mercure : on obtient alors
une limite très nette et permanente entre les deux liquides. On
observe en outre que tout corps mouillé par l'eau et enfoncé dans
le mercure en reste séparé par une mince couche d'eau. Cette
différence tient à ce que, dans le premier cas, la tension superficielle est nulle, tandis qu'elle est très forte dans le second.

Cette tension superficielle existe aussi pour le protoplasma et
acquiert une valeur plus ou moins grande. Chez la *Gromia fluvialis* de Dujardin elle est si faible, que deux pseudopodes, venant
à se rencontrer, s'abouchent à plein canal ; de plus, les corps
étrangers suspendus dans l'eau sont facilement englobés dans sa
masse, sans que rien ou à peu près ne les sépare du protoplasma
qui les entoure. Chez les amibes la tension superficielle est beaucoup plus forte. On ne voit pas les prolongements protoplasmiques
se fusionner comme chez la gromie, et les corps étrangers qui
pénètrent dans sa masse restent séparés du protaplasma par une
mince couche d'eau : ils se trouvent placés, pour ainsi dire, dans
une vacuole (Le Dantec).

Bien que le plus grand nombre de cellules animales ne possèdent pas de membrane, les différenciations protoplasmiques que
nous étudierons plus loin n'arrivent jamais jusqu'à la périphérie : elles peuvent se rapprocher plus ou moins de la surface, mais
elles restent toujours séparées du milieu qui les entoure par une
mince couche de protoplasma sans structure. Dans certaines cellules cette couche s'épaissit et forme comme une pseudo-mem-
brane hyaline qui doit jouer un rôle important, non seulement

comme organe de protection, mais aussi comme surface permettant les phénomènes de dialyse et les modifiant en quantité et en qualité selon la nature des molécules qui la constituent.

La structure intime du protoplasma cellulaire est loin d'être encore élucidée et un grand nombre de théories ont été émises. Quelle que soit celle que l'on adopte, tout le monde reconnaît aujourd'hui que la matière vivante ne peut être regardée comme une simple substance chimique : on la considère comme étant organisée. En effet, on peut diviser indéfiniment les corps organiques non vivants avec les instruments les plus déliés sans altérer leur structure. Il n'en est plus de même du protoplasma. C'est Dujardin qui, le premier, a exprimé l'idée que ce dernier, qu'il appelait *sarcode*, était organisé. Parmi les théories qui ont été mises en avant pour expliquer cette organisation, nous en citerons d'abord une très simple qui considère le protoplasma comme formé par une masse semi-liquide contenant des granulations diverses.

Cette structure peut être admise à la rigueur pour le protoplasma des pseudopodes de certains protozoaires, par exemple de la *gromia fluvialis*. Si on examine au microscope un de ces pseudopodes, on le voit formé de granulations entraînées avec une vitesse beaucoup plus grande au centre que sur les bords : à ce niveau les granulations diminuent de vitesse et semblent même stationner des deux côtés, en formant deux rangées parallèles qui contribuent à déterminer le contour apparent du protoplasma. Quand le pseudopode s'allonge on voit tout simplement de nouvelles granulations s'ajouter à celles existant déjà, et un courant se forme entre les parois qu'elles limitent. Le courant serait en réalité double, car au voisinage des bords on peut souvent constater un contre-courant bien moins rapide.

Cette organisation si simple ne saurait être acceptée d'une manière générale. De nombreuses théories ont été mises en avant, donnant au protoplasma une texture plus complexe : *théorie alvéolaire* de Bütschli, *théorie granuleuse* d'Altmann, *théorie réticulaire* de Heitzmann. Ces théories peuvent se résumer en quelques mots. Le protoplasma possède une organisation propre consistant dans la présence de filaments (*spongioplasma*), d'un liquide (*hyaloplasma*) et de granulations (*microsomes*). Les opinions ne diffèrent que sur le mode de constitution et d'importance de ces diverses parties. Heitzmann émet l'hypothèse d'un réseau renfermant dans ses mailles un liquide chargé de granulations : pour lui, la partie la plus importante est formée par la partie réticulée et les granulations passent tout à fait au second plan. Pour Altmann, au contraire, ce sont les granulations qui constituent la partie vraiment vivante et les fibrilles ne seraient le plus souvent constituées que par des granulations placées bout à bout.

Le noyau ou nucléoplasma occupe une partie plus ou moins grande de la cellule, il est toujours situé au centre de la partie protoplasmique. Nous verrons en effet que certains organes de la cellule peuvent prendre une grande importance (réserves) et occuper une notable portion de l'élément vivant. Dans ce cas le noyau se trouve toujours placé au niveau du protoplasma refoulé.

Le nucléoplasma présente dans sa constitution : 1° une membrane, membrane nucléaire ; 2° un suc nucléaire, ou *enchylema*, contenant des granulations ; 3° un réseau formé par des filaments, qui, au moment de la division nucléaire, se transforme en un cordon unique, siège des phénomènes décrits sous le nom de *caryocinèse* : les filaments se montrent formés de grains (*caryomicrosomes*) placés à la file et rattachés en série par une substance unissante appelée *linine*. Les corpuscules sont formés de nucléine, encore appelée *chromatine*, et se colorent par les colorants basiques (safranine) ; la linine au contraire reste incolore ; 4° des granulations plus ou moins grosses contenues dans les mailles formées par les filaments ; 5° *le nucléole* ou les *nucléoles*, qui peuvent être considérés comme formés par une ou plusieurs de ces granulations.

Le protoplasma renferme encore, surtout chez les végétaux, certains organes accidentels qui ne font pas partie nécessairement de la constitution propre de la cellule. Ce sont : A. *Les vacuoles*, qui seraient contractiles et tout à fait permanentes dans certaines cellules. Dans d'autres elles seraient transitoires ; c'est ce qui arrive lorsque, par exemple, un corps étranger pénètre dans le corps d'un amibe. B. *Les leucites*, qui se présentent sous forme de petits grains plus denses que le reste du protoplasma et peuvent être le siège de déplacements variés : *amyloleucites*, donnant naissance aux grains d'amidon, *chloroleucites*, en rapport avec la fonction chlorophyllienne, *chromoleucites*, formés par des cristaux donnant aux fleurs les couleurs rouges et jaunes.

Chez les animaux certaines cellules présentent des différenciations très importantes, en rapport avec certaines fonctions : muscles, nerfs, organes électriques de certains poissons, etc. Nous les étudierons plus loin.

COURTADE. 2

C. Parmi les productions protoplasmiques, qu'on ne rencontre pas toujours dans la vie cellulaire ordinaire, mais qui existent d'une façon constante au moment de la reproduction cellulaire, il faut citer les *sphères attractives*, au centre desquelles se trouve le *centrosome*, et qui sont juxtaposées sur un point de la circonférence du noyau. Nous n'avons pas à entrer ici dans d'autres détails sur ces organes qui touchent à un point trop spécial de la physiologie cellulaire.

La description que nous venons de donner n'est autre que celle d'une des formes les plus fréquentes qu'affecte la matière organisée ; on peut se demander s'il n'existe pas des formes plus simples. *A priori*, rien ne nous empêche de croire que la cellule ne s'est pas constituée d'emblée avec tous ses organes et que la nucléine a pu exister dans la cellule à l'état diffus avant de se condenser dans un organe différencié (Delage, *loc. cit.*, p. 37). On avait admis autrefois qu'il pouvait exister des masses protoplasmiques affectant la forme de cellules et dépourvues de noyau (cytodes, monéres d'Hœckel), mais, grâce au perfectionnement apporté à la technique microscopique et aux nouvelles méthodes de coloration, cette idée est de plus en plus abandonnée. On a cependant donné comme exemple de cellules sans noyau les bactéries et les formes voisines. Ainsi pour Fischer une bactérie ne possède pas de noyau et se compose d'une membrane cellulaire contenant une masse de protoplasma au centre duquel se trouve un liquide (*central flussigkeit*) ; Bütschli a repris la question et son opinion paraît être la vraie (Duclaux. Traité de microbiologie, t. I, p. 157). Ses études ont surtout porté sur une grosse bactérie, le *chromatium Okenii*. Traité par l'hématoxyline, le corps de la cellule prend une différenciation très nette qui permet d'observer la présence d'une enveloppe qui reste incolore, d'une mince couche de protoplasma qui se colore faiblement, tandis que la plus grande partie de la cellule, les 2/3 environ, prend une coloration très marquée. C'est là le corps central (*central körper*) que Bütschli assimile à un noyau. Si on examine des bactéries plus petites, la prépondérance du noyau augmente ; la mince couche de protoplasma n'est même quelquefois visible qu'aux extrémités, sous forme d'une couche semi-circulaire comprise entre le revêtement extérieur et le noyau.

Cette disproportion entre le noyau et le protoplasma peut paraître *a priori* peu vraisemblable : nous sommes habitués, en effet, à voir le protoplasma cellulaire l'emporter de beaucoup en quantité sur le protoplasma nucléaire. Cependant elle se retrouve, comme le fait remarquer Metschnikoff, dans toutes les cellules embryonnaires. On sait aussi que les myéloplaxes possèdent un protoplasma si réduit, que pendant longtemps on les a pris pour des noyaux nus. Enfin les spermatozoïdes peuvent être considérés comme presque exclusivement formés par une masse nucléaire.

D'ailleurs, comme nous le démontrerons en étudiant la mérotomie, le noyau est certainement la partie la plus essentielle de la cellule. Le protoplasma apparaît de plus en plus comme « la « cuisine du noyau, le lieu où s'élabore la matière alimentaire. « On conçoit que ce protoplasma soit volumineux dans les cellules où l'élaboration de l'aliment est complexe, où il doit, « comme par exemple chez les végétaux, être formé de toutes « pièces. Mais il peut être réduit chez les bactéries, qui exigent « toutes un aliment déterminé, en général très spécifique et « préparé à l'avance » (Duclaux, I, p. 159).

Composition chimique. — L'analyse chimique de la matière vivante présente les plus grandes difficultés. En effet, le protoplasma qui la constitue n'est pas formé par une seule substance chimique nettement définie, pour si complexe que l'on se figure sa constitution : c'est simplement un mélange de nombreuses substances chimiques, formant par la réunion de leurs molécules un tout dont l'organisation est très difficile à élucider. Si cet état d'agrégation cesse, le protoplasma se détruit en tant que matière organisée et la vie cesse. De plus la substance vivante est sans cesse en état d'assimilation et de désassimilation, et l'analyse est faite, non seulement sur les éléments réellement vitaux, mais aussi sur les ingesta et les excreta, variables eux-mêmes avec les différentes cellules. Enfin l'analyse ne peut être exécutée pendant l'état de vie, car les différents procédés que nous sommes forcés d'employer ont pour résultat de tuer le protoplasma comme substance vivante.

On peut cependant arriver à reconnaître que, parmi les corps simples qui entrent dans la composition d'une cellule se trouvent d'abord le *carbone*, l'*oxygène*, l'*hydrogène* et l'*azote*. Parmi les autres substances il faut citer le *soufre*, qui fait partie du complexus chimique de la molécule albuminoïde, et le *phosphore* qui se rencontre dans toute nucléine. Viennent ensuite le *chlore*, le *potassium*, le *sodium*, le *calcium*, le *fer* et le *magnésium*. Nous ne parlerons pas des autres corps simples qui sont moins constants ou ne se rencontrent que d'une façon accessoire.

L'arrangement moléculaire de ces corps est très peu connu, mais il est sûrement très complexe. On connaît la composition de quelques-uns de leurs produits de dédoublement et leur poids moléculaire est très élevé. Si nous prenons par exemple les albuminoïdes, nous voyons que leur formule, d'après M. Schutzenberger, est la suivante :

$$C^{240}\, H^{392}\, Az^{65}\, O^{75}\, S^{2} = 5478 \text{ (poids moléculaire)}.$$

Des analyses très minutieuses ont permis d'isoler les principales unités qui forment le protoplasma.

Ces unités, qui sont toutes d'une grande complexité, paraissent exister, non à l'état isolé, mais bien à l'état d'union les unes avec les autres.

A. On distinguerait pour le *cytoplasma* :

1. Des *nucléo-albumines*, substances albuminoïdes légèrement phosphorées ;

2. Des *globulines*, substances albuminoïdes non phosporées ;

3. On trouve ensuite des sels formés par des chlorures, des phosphates de potassium, sodium, magnésium, calcium, et d'autres substances, comme des lécithines (graisses phosphorées), de la cholestérine, du fer qui paraît surtout lié à la nucléo-albumine et de l'eau (75 pour cent environ).

B. Quant *au noyau*, ce qui domine dans sa composition est la *nucléine*, substance richement phosphorée qui forme la presque totalité de la chromatine. Le *nucléole* semble être une combinaison d'albumine avec la *plastine*, substance analogue à la nucléine mais moins phosphorée.

D'après les travaux récents de Kossell, Zacharias, Altmann (Delage. Structure du Protoplasma, etc., p. 50), les substances formant la partie réellement vivante ne seraient que des combinaisons de l'acide *nucléique*, corps chimique nettement défini ($C^{29}\, H^{49}\, Az^{9}\, Ph^{3}\, O^{22}$), avec des substances protéiques non phosphorées. Il se forme ainsi des corps que l'on appelle *nucléines* et qui sont plus ou moins riches en phosphore : depuis la chromatine, très chargée en acide nucléique, jusqu'aux nucléo-albumines qui en contiennent très peu. Il est probable que plus une substance albuminoïde contient de phosphore, et plus son importance biologique est grande. En se plaçant à ce point de vue, Danilewsky distingue deux sortes de phosphore : le phosphore

vital qui fait partie de la structure intime de la substance albuminoïde et le phosphore non vital, que l'on rencontre dans le protoplasma sous forme de lécithine, de cholestérine ou de sels
minéraux ; le noyau serait beaucoup plus riche en phosphore vital
que le protoplasma cellulaire.

Nous venons d'étudier la matière organique vivante telle
qu'elle se présente habituellement à nous. Peut-on descendre
encore plus loin et rechercher si la matière organisée ne peut
pas prendre des formes plus simples, intermédiaires, entre le
protoplasma organisé et la matière minérale? C'est ce que nous
chercherons à élucider lorsque nous nous occuperons de la nature
de l'irritabilité.

CHAPITRE III

CONDITIONS DE L'IRRITABILITÉ

Aucun corps dans la nature ne peut manifester les propriétés qui le caractérisent en dehors de certaines conditions exactement déterminées pour chacun. Prenons, par exemple, un morceau de potassium et plongeons-le dans l'huile de naphte pour laquelle il ne présente aucune affinité : le métal se conservera indéfiniment, du moins à la température ordinaire, et toutes ses propriétés resteront pour ainsi dire à l'état latent. Il n'en sera plus de même si nous le transportons dans un vase contenant de l'eau. Les conditions changent ici d'une manière complète, et le potassium sortira immédiatement de son état passif. En effet, son avidité pour l'oxygène est telle, qu'il décompose l'eau à la température ordinaire, et cela avec une telle énergie et un si grand développement de chaleur, que l'hydrogène dégagé s'enflamme en prenant une teinte violacée due à la volatilisation simultanée d'une partie du potassium. Le résultat de l'affinité satisfaite est la formation de potasse.

Les mêmes faits se produisent pour la substance irritable qui peut ne manifester aucune affinité et rester à *l'état de vie latente* pendant très longtemps. En effet, la matière organisée vivante n'est pas vivante par elle-même : il faut qu'elle soit sollicitée à vivre, et si les circonstances ne le permettent pas, si le milieu extérieur est défavorable, elle tombe aussi dans un degré d'indifférence chimique absolue. Les spores desséchées sont dans ce cas : elles ressemblent au morceau de potassium plongé dans l'huile de naphte et leurs propriétés sommeillent. Mais aussitôt qu'on les transporte dans un bouillon de culture convenable, elles se développent d'une manière normale et reprennent leur vie naturelle.

Les phénomènes observés pendant la germination des graines présentent à ce point de vue le plus grand intérêt. La graine possède en elle tout ce qu'il faut pour vivre; mais elle a besoin pour cela d'un milieu convenable formé par l'oxygène, la chaleur et l'humidité (Cl. Bernard). Si un de ces trois facteurs vient à disparaître ou ne se trouve qu'à trop faible dose, la vie ne se manifeste plus.

Une curieuse expérience de Th. de Saussure montre que l'embryon, même après avoir commencé son évolution germinative, peut s'arrêter et retomber en état d'indifférence chimique: la vie reparaît aussitôt que les conditions extérieures redeviennent propices. On peut renouveler ces alternatives un grand nombre de fois: la faculté de tomber dans l'état de vie latente ne disparaît que lorsque la matière verte commence à se montrer dans les premières feuilles.

Cet état ne se manifeste pas seulement chez les plantes; on le rencontre aussi chez les animaux. Les kolpodes, infusoires ciliés d'assez grande taille, peuvent s'enkyster et devenir absolument immobiles dans leur enveloppe comme un insecte dans son cocon; si on les fait sécher sur des lames de verre, ils se conservent indéfiniment et reviennent aussitôt à la vie quand on leur rend l'humidité (Balbiani). Les rotifères présentent des phénomènes de même ordre ainsi que les tardigrades: ces derniers ont une organisation assez complexe et appartiennent à la classe déjà très différenciée des arachnides. Lorsque l'eau vient à leur manquer, ils se rétractent, se raccornissent et on les voit rester ainsi plusieurs mois.

Les mêmes faits se reproduisent pour les anguillules du blé niellé.

Dans tous ces cas la vie peut être considérée comme complètement latente; on a soustrait à la matière organisée l'eau qui était nécessaire à l'équilibre de ses molécules et ses propriétés ne peuvent plus se manifester.

Les cas de vie latente ne se rencontrent que lorsque la matière est peu organisée. Lorsqu'on s'élève dans l'échelle des êtres vivants, ils disparaissent; la différenciation des éléments histologiques est en effet portée trop loin, et les conditions de vie latente ne peuvent être les mêmes pour toutes les cellules.

Rien cependant ne nous force à affirmer à priori que ce résultat ne pourra pas être atteint, car si la vie latente n'existe pas chez les animaux supérieurs, elle a son analogue dans cet état que Claude Bernard a appelé vie oscillante et qui se rencontre chez les animaux hibernants (hérisson, chauve-souris, marmotte, loir). Ces animaux sont très sensibles aux variations de température et leur vitalité s'atténue ou s'exalte alternativement lorsque les conditions extérieures changent. Ils tombent dans un sommeil profond depuis la fin de novembre jusqu'au mois de mai. Vers la fin de l'été, la marmotte augmente de poids par accumulation de réserves nutritives formées surtout par du tissu adipeux qui se localise dans l'abdomen, sous la peau et dans la glande hivernale. Pendant le sommeil, on observe un ralentissement de toutes les fonctions ; il se produit en outre une sorte de déshydratation des tissus : l'eau, sans quitter l'organisme, se déplace et s'accumule surtout dans le péritoine (R. Dubois). La température s'abaisse et oscille entre 5 à 10°.

Avec de pareilles conditions, l'activité protoplasmique est réduite au minimum et Regnault et Reiset ont trouvé que l'absorption d'O est 30 fois moins grande qu'à l'état normal. Pendant cet état de torpeur physiologique l'animal maigrit, non aux dépens de son système musculaire qui perd peu de son poids, mais surtout aux dépens du tissu adipeux. D'après Valentin, la perte de graisse serait de près d'un gramme par jour (Morat et Doyon. Traité de physiologie, p. 467). On voit qu'il y aurait peu de choses à faire pour transformer le sommeil hibernal de ces animaux en vie complètement latente.

On observe en physiologie et en pathologie des phénomènes analogues à la vie oscillante.

En *physiologie*, on voit certaines fonctions rester pendant plus ou moins longtemps à l'état latent pour redevenir actives, soit d'une manière périodique (menstruation), soit à des intervalles plus ou moins éloignés (gestation, lactation). La plupart des glandes n'entrent surtout en action que sous l'influence d'un stimulus (glandes digestives) et certaines fonctions, comme la fonction musculaire, peuvent rester à l'état d'activité très réduite pendant un temps très long, sans que les cellules perdent en rien de leur irritabilité.

En *pathologie*, on voit dans certains états du système nerveux (hystériques) la nutrition générale devenir très lente ; les différentes fonctions restent languissantes et le taux de l'urée peut descendre à un chiffre très bas.

La diminution d'activité fonctionnelle peut atteindre seulement certains organes et a été étudiée par M. le Pr Potain, sous lo nom de *méiopragie*. Cette diminution d'irritabilité locale présente la plus haute gravité si elle atteint un organe important comme, par exemple, le cœur.

Quelles sont les conditions requises pour que la vie manifestée se produise ?

Nous avons vu que la graine a besoin, pour se développer, d'une certaine quantité d'eau, d'oxygène et de chaleur, en plus des aliments qu'elle possède en elle-même sous forme de réserves. Il en est de même pour toute matière vivante. Il faut des aliments, c'est-à-dire des substances permettant à la matière irritable d'échanger les affinités qu'elle possède, et dans les aliments il faut comprendre l'oxygène nécessaire à ses oxydations et l'eau dont elle a besoin pour ses hydratations.

' Mais les aliments ne suffisent pas. Il ne faut pas croire que, parce que deux corps susceptibles de se combiner sont en présence, la combinaison va se produire ; il faut encore une certaine quantité d'énergie. Cette dernière doit de plus se trouver sous une forme déterminée : en effet, l'énergie électrique ou calorique, quelle que soit sa quantité, n'aura pas les mêmes effets sur la chlorophylle que l'énergie lumineuse.

Nous étudierons donc : 1° les substances nécessaires pour que la matière irritable fonctionne; 2° la quantité et la forme d'énergie indispensables aux combinaisons et décompositions chimiques qui se passent chez l'être vivant.

I. — Milieu chimique nécessaire au fonctionnement du protoplasma.

Rôle de l'eau. — L'eau est un des éléments les plus indispensables à la matière vivante et chaque organisme en possède une plus ou moins grande quantité : chez les mammifères elle représente environ les 3/4 du corps, et chez les méduses sa proportion est telle que, lorsqu'on vient à les dessécher, on ne trouve pour substratum qu'une simple pellicule de substance protoplasmique.

Les différents tissus en contiennent des quantités différentes et leur activité est généralement en raison directe de la proportion d'eau renfermée dans leurs éléments. En comparant les tissus cartilagineux, par exemple, à la substance grise du cerveau, on constate que dans le premier cas l'eau représente un poids de 550 pour 1 000, tandis que dans le second la proportion ne s'élève qu'à 850. Toute cette eau est loin de faire partie de la structure intime du protoplasma car, comme nous l'avons vu, en étudiant les phénomènes de vie latente chez les animaux inférieurs, elle peut être soustraite du protoplasma en grande partie sans amener sa destruction.

Il faut donc distinguer deux sortes d'eau. L'une fait partie intégrale de la molécule vivante ; l'autre sert à faciliter les échanges chimiques en maintenant en dissolution les aliments qui doivent entrer dans la constitution de l'élément vivant. Cette dissolution, en plus de son action mécanique permettant à un grand nombre de substances d'arriver au contact de la cellule, présente en outre par elle-même une importance capitale : elle prépare et rend plus faciles les combinaisons des diverses substances mises en présence. M. Sainte-Claire Deville a montré qu'un corps qui se dissout simplement dans l'eau absorbe une quantité de chaleur énorme pour détruire la cohésion de ses molécules. Cette quantité de chaleur, ainsi rendue latente, augmente le potentiel et l'énergie intérieure des molécules et rend l'aptitude aux combinaisons et aux dédoublements plus facile. Les sels, les sucres, les albuminoïdes en solution se comportent comme s'ils étaient échauffés de toute la chaleur disparue. Cette chaleur est quelquefois supérieure à celle qu'il faudrait pour produire la fusion du corps dissous.

L'eau agit encore en permettant aux phénomènes de dialyse de se produire. Les liquides qui circulent autour des cellules peuvent être considérés comme des solutions étendues de substances organiques et de sels, et entre leurs molécules et la couche périphérique du protoplasma cellulaire se produisent des échanges dépendant de la structure même du protoplasma. Winter (*Arch. de physiologie*, 1896) a démontré que les tissus et les humeurs sont en état d'équilibre osmotique, c'est-à-dire que, pour le même volume, ils contiennent le même nombre de molécules dissoutes. La force osmotique est représentée par une dissolution de 0,91 de sel marin pour 100 grammes d'eau. Si le nombre des molécules augmente à un moment donné dans l'intérieur de la cellule, il faut ou bien que certaines molécules abandonnent le plasma cellulaire et passent dans le courant sanguin, ou bien qu'une certaine quantité d'eau pénètre dans l'intérieur de la cellule: de cette manière l'équilibre osmotique peut être rétabli. L'eau remplit facilement ce rôle car, d'une part, c'est une combinaison saturée, stable, qui peut s'insérer dans les édifices moléculaires sans en altérer la structure ; d'autre part, sa molécule est très petite et peut facilement s'insinuer entre les molécules déjà existantes.

Il ne faut pas enfin oublier que dans les réactions ayant lieu entre la matière vivante et le milieu qui l'entoure se passent des phénomènes d'hydratations qui ne pourraient pas se produire si l'eau faisait défaut.

Rôle de l'oxygène. — L'oxygène entoure habituellement la cellule soit à l'état libre (cellules pulmonaires), soit à l'état de solution dans l'eau, soit à l'état de combinaison très peu stable avec l'hémoglobine dans le globule sanguin. C'est à lui que sont dues la plupart des oxydations qui se passent dans l'intérieur de nos tissus. Ces oxydations transforment surtout les sucres et les graisses en H^2O et CO^2 et sont une des sources les plus importantes de la chaleur chez les êtres vivants. Elles se font dans nos tissus avec beaucoup plus de facilité que dans nos laboratoires : cela tient à ce que la nature emploie, pour opérer les transformations chimiques qui se passent dans son sein, des procédés tout à fait spéciaux. Hoppe Seyler explique de la façon suivante la manière dont s'opèrent ces oxydations. D'après lui, l'oxygène se présente sous trois états : O, oxygène actif, $(O)^2$ oxygène indifférent et $(O)^3$ ozone. Dans le sang l'oxygène est absorbé sous la forme de $(O)^2$ et est décomposé par l'hydrogène à l'état naissant qui provient des fermentations en $O + O$. Deux atomes d'H s'emparent d'un atome d'O pour former de l'eau et l'autre atome devenu libre produit les oxydations que $(O)^2$ ne pouvait pas accomplir.

Les oxydations ne se font pas généralement en un seul temps : il se produit une série d'oxydations intermédiaires qui ont quelquefois un rôle important dans le fonctionnement du protoplasma (Gautier).

Ainsi la glycose, avant de se décomposer en H^2O et CO^2, passe par les étapes suivantes :

$$1 \qquad C^6H^{12}O^6 + 6O = C^4H^6O^6 + C^2H^2O^4 + 2H^2O.$$

glycose acide tartrique acide oxalique

$$2 \qquad C^4H^6O^5 + 4O = C^2H^2O^4 + 2CO^2 + 2H^2O.$$
$$3 \qquad C^2H^2O^4 + O = 2CO^2 + H^2O.$$

L'oxygène, en tant que corps simple libre, n'est pas cependant aussi nécessaire que l'eau dans le fonctionnement de la matière vivante. A côté des organismes dits *aérobies*, il en existe d'autres, *anaérobies*, pour qui l'O est pour ainsi dire un poison : par exemple le ferment butyrique. Si on vient à faire pénétrer de l'air dans une culture de ce vibrion, tout mouvement cesse, et il se forme une spore.

D'après Gautier, un grand nombre de nos cellules fonctionnent d'une manière anaérobie. Le protoplasma de la plupart d'entre elles est essentiellement réducteur : il édifie, sécrète et organise ses produits à l'abri de toute intervention de l'oxygène. Les oxydations se passeraient surtout à la périphérie des cellules.

Rôle des aliments. — Nous venons d'étudier deux substances, l'eau et l'oxygène, qui peuvent être considérées comme des aliments (ce mot étant pris dans l'acception la plus large) et servir seules à la nutrition de l'être vivant pendant un temps plus ou moins long, suivant la quantité de réserves accumulées dans ses cellules (graine, animaux à vie oscillante, jeûne plus ou moins prolongé). Mais la vie ne pourrait pas continuer bien longtemps, car aussitôt après l'épuisement de ces réserves la mort ne tarderait pas à arriver.

Il faut, pour que le protoplasma puisse vivre, que dans les corps qui l'entourent soient représentées toutes les substances dont il se compose. Nous les avons déjà étudiées lorsque nous nous sommes occupés de la composition chimique de la matière vivante. Il faut en outre que ces substances soient dans un certain état de combinaison. En effet, une cellule vivante, plongée dans un mélange des corps simples qui la constituent, ne tarderait pas à succomber.

L'état sous lequel se présente l'aliment a été assez bien déterminé pour les plantes, et l'étude faite par Raulin de l'aspergillus est des plus instructives. Raulin, en effet, est parvenu à faire des récoltes d'une mucédinée spéciale, l'aspergillus niger, avec un milieu acidulé ne renfermant que du sucre et quelques sels minéraux. La récolte ainsi obtenue est supérieure à celle que l'on obtient avec les milieux organiques les mieux choisis.

Le liquide de culture contient les substances suivantes :

Eau	1500.
Sucre candi..	70.
Acide tartrique.	4.
Nitrate d'ammoniaque. .	4.
Phosphate d'ammoniaque.	0,60.
Carbonate de potasse. .	0,60.
Carbonate de magnésie. .	0,40.
Sulfate d'ammoniaque. .	0,25.
Sulfate de zinc..	0,07.
Sulfate de fer.	0,07.
Silicate de potasse.. . .	0,07.

Ce liquide doit être largement exposé à l'air, et la température la meilleure doit osciller dans les environs de 37°.

Voilà quel est le milieu nécessaire pour que l'aspergillus se développe très rapidement et d'une manière très abondante. Il faut, en résumé, de l'eau, de l'O., de l'azote sous forme d'ammoniaque, des aliments hydrocarbonés sous forme de sucre et quelques éléments minéraux : phosphore, magnésium, soufre, potassium, [fer, zinc, etc. Aucun des aliments minéraux n'est absolument nécessaire, mais le développement se fait plus ou moins bien selon l'aliment qui vient à manquer. Ainsi, si on supprime, par exemple, le sulfate de zinc, qui existe pourtant en bien petite quantité, le poids de la levure est réduit de 25 à 1.

Toutes les cellules ne se contentent pas d'une alimentation aussi simple et si les végétaux peuvent partir de substances chimiques saturées pour former des corps à poids moléculaires très élevés, il n'en est pas de même pour les animaux. Il faut que l'aliment se compose de substances d'une organisation beaucoup plus compliquée.

On peut diviser de la façon suivante les aliments dont les animaux ont besoin.

1° En substances privées d'azote (*ternaires*) et constituées par les hydrates de carbone et les corps gras.

2° En substances azotées (*quaternaires*), formées surtout par les albuminoïdes.

3° Ces substances sont mélangées et quelquefois unies à quelques éléments minéraux se présentant le plus souvent sous forme de sels et composés surtout de soufre, phosphore, chlore, potassium, sodium, calcium, fer et magnésium. Parmi ces éléments minéraux, les plus importants sont fournis par les chlorures qui, à cause de leur facile dialysabilité et de la petitesse de leur molécule, peuvent facilement traverser les membranes et combler les vides intermoléculaires (Winter).

4° Nous avons déjà vu que ces substances, pour être actives, doivent être dissoutes dans l'eau et fonctionner, du moins pour la plupart des organismes, en présence de l'oxygène.

Tous les éléments que nous venons d'énumérer ne sont pas destinés à faire partie intégrante de la molécule protoplasmique : quelques-uns ne servent en quelque sorte que d'instrument de travail et sont comme des ouvriers qui aident à la construction d'un édifice mais n'en font pas partie (rôle joué dans la fermentation par les sels de manganèse).

II. — Rôle de l'énergie.

Nous venons de voir que l'aliment, pour être utilisable, devait non seulement renfermer tous les corps contenus dans l'élément vivant en expérience, mais encore être présenté sous une certaine forme, différente avec la cellule en expérience.

Mais cela ne suffit pas : l'aliment doit en outre se trouver sous l'influence d'une certaine quantité d'énergie, ni trop faible ni trop forte. Ainsi l'aspergillus mis dans un liquide de Raulin à la température de zéro ne pousserait pas, et si on élevait le nombre de degrés jusqu'à 100, sa vitalité disparaîtrait complètement.

Influence de la chaleur. — L'énergie calorique est aussi nécessaire à l'apparition de l'irritabilité que la présence des aliments les mieux appropriés à la nature de la cellule. Il existe pour chaque variété d'éléments vivants une température maxima au-dessus de laquelle la mort survient inévitablement. Il faut cependant distinguer plusieurs cas. Si la chaleur agit en présence de l'eau, elle tue en coagulant les albuminoïdes et cette coagulation se fait d'autant plus facilement que le protoplasma renferme plus d'eau. Une température supérieure à 60° est rarement bien supportée : le plus habituellement l'animal meurt entre 40 et 50°. Il n'en est plus de même pour une substance animale complètement desséchée : la température peut atteindre 140° sans amener la destruction du protoplasma.

Le dessèchement doit avoir lieu à froid, pour éviter les altérations cellulaires qui ne manqueraient pas de se produire si l'opération se faisait à chaud. Ainsi Doyère a montré que les rotifères vivants périssent lorsqu'on les met dans de l'eau à 45°. Mais si on les dessèche *à froid*, on peut les exposer à des températures de 120 et même 140° sans que la mort s'ensuive nécessairement. Duclaux rapproche ces faits de l'expérience de Chevreul sur l'albumine de l'œuf. Cette dernière, privée d'eau par dessiccation à basse température, peut supporter une température supérieure à celle de l'ébullition sans perdre sa solubilité, tandis qu'elle se coagule à une température inférieure quand elle est humide, et devient alors insoluble.

Il existe aussi une température minimum, au-dessous de laquelle les affinités ne peuvent plus se produire. Dans ce dernier cas, le protoplasma ne meurt pas toujours : il passe à l'état de vie latente et reprend son activité aussitôt qu'on lui redonne le calorique nécessaire.

Les limites de température maximum et minimum ne sont pas les mêmes pour tous les organismes : certaines oscillaires peuvent vivre à + 53. La grenouille ne peut pas supporter une température supérieure à + 30.

Les variations de la température extérieure ont, suivant les animaux, une grande importance. On peut, à ce point de vue, diviser les êtres vivants en deux groupes principaux : les *homœothermes*, qui comprennent seulement les mammifères et les oiseaux, et les *hétérothermes*, qui renferment les vertébrés à sang froid, les invertébrés et les plantes. Chez les premiers, la variation de la température extérieure, pourvu qu'elle ne dépasse pas en plus ou en moins un certain degré, ne présente pas de grands inconvénients. Ces animaux possèdent un système nerveux qui agit comme régulateur : lorsque le froid est trop intense, les vaisseaux de la périphérie se contractent et la perte de calorique est diminuée ; lorsque, au contraire, la chaleur est trop forte, les nerfs vaso-moteurs dilatent les vaisseaux de la périphérie, exagèrent la production de sueur, et partant augmentent d'une façon plus ou moins grande l'évaporation cutanée.

Il n'en est pas de même des hétérothermes chez qui le système nerveux régulateur est absent : ces êtres se mettent rapidement en équilibre avec la température ambiante et les grands écarts de température influent beaucoup plus rapidement sur les manifestations de leur irritabilité. Les animaux hibernants peuvent servir de transition entre les homœothermes et les hétérothermes.

L'action des autres transformations de l'énergie a été moins bien étudiée ; on ne connaît rien de bien précis concernant l'influence de l'énergie électrique sur le fonctionnement normal du protoplasma, à cause des nombreuses causes d'erreur qui se glissent fatalement dans toutes les expériences et viennent en fausser les résultats (phénomènes caloriques et électrolytiques produits pendant le passage du courant).

L'influence de la lumière a été surtout examinée dans ses rapports avec la fonction chlorophyllienne.

L'action de la pesanteur mériterait une étude plus approfondie, car les équilibres moléculaires de la fonction protoplasmique ne peuvent avoir lieu normalement que si la pression ne s'éloigne pas trop des environs de 76 centimètres de mercure. On sait que certains animaux marins de surface ne sauraient vivre dans le fond de la mer à cause de la pression considérable qu'ils auraient à supporter. D'un autre côté, les vertébrés supérieurs ne peuvent pas vivre à une hauteur de 6 000 mètres au-dessus du niveau de la mer.

Après avoir énuméré les conditions nécessaires pour que le protoplasma maintienne intact son état d'organisation, il faut se demander *ce qu'il advient lorsque ces conditions ne sont pas remplies.*

De deux choses l'une, ou bien le protoplasma passe à l'état de vie latente, ou bien il se désassimile et meurt comme matière organisée. Dans ce dernier cas, les diverses unités chimiques qui le composent se désagrègent ou bien affectent des liaisons chimiques incompatibles avec la vie.

Plus l'état moléculaire d'un corps est complexe, et plus la mort arrive facilement, c'est-à-dire plus l'état d'équilibre fixe devient difficile à conserver : la moindre quantité d'énergie ou d'affinité non physiologique peut suffire pour le détruire.

Dans les organismes supérieurs, toutes les cellules ne sont pas organisées avec la même complexité. La cellule nerveuse est celle dont la structure moléculaire est le plus délicate. Aussi sa désorganisation est très rapide et les excitations des centres nerveux cessent d'être efficaces peu de temps après la mort de l'individu. Il n'en n'est pas de même de la cellule musculaire qui résiste plus longtemps et doit avoir une organisation moins élevée.

La mort dans la matière organique organisée est-elle inévitable?

D'après des idées restées longtemps classiques, l'évolution des êtres vivants était la suivante : naître, s'accroître et mourir. Ces propositions sont parfaitement vraies, si on prend des êtres déjà très différenciés, mais elles deviennent moins évidentes lorsqu'on s'adresse à la matière organisée vivante considérée dans son état le plus réduit. « Prenons, par exemple, une bactérie « charbonneuse ou un amibe. Nou verrons ce plastide s'ac- « croître indéfiniment, pourvu que les conditions de milieu le « permettent. L'accroissement est surtout limité par un maxi- « mum de la dimension d'équilibre possible et est alors suivi « d'une division. Dans un milieu suffisamment vaste (la mer ou « un fleuve), pour que les conditions ne changent guère par « suite de la vie élémentaire manifestée du plastide lui-même, « une bactérie peut s'accroître sans changer de forme, reste « semblable à elle-même au cours de sa croissance et se bipartit « quand elle a atteint son maximum de dimension en donnant « deux bactéries semblables à ce qu'elle était elle-même au « début de l'observation. Aucune variation n'apparaîtra dans sa « constitution, quel que soit le nombre de bipartitions » (Le Dantec. Théorie nouvelle de la vie, p. 155).

Mais il n'en sera pas de même si le plastide vit en milieu limité, ou bien dans un milieu dont la composition ne se maintient pas constante. Dans ce cas, le milieu deviendra impropre à la vie, soit par manque d'ingesta, soit par intoxication par les dejecta. Habituellement ces intoxications n'agissent pas comme des poisons qui tuent, et le plus souvent la culture peut être rajeunie lorsqu'on la transporte dans un bouillon neuf. Il s'agit plutôt de phénomènes dits *anesthésiques* : certaines sécrétions cellulaires donnent avec les protoplasmas qui les ont produites des combinaisons qui n'altèrent pas profondément la constitution de la molécule et se détruisent facilement lorsque le milieu redevient favorable. Ainsi, par exemple, l'alcool joue le rôle d'anesthésique dans une culture de levure de bière : la fermentation s'arrête, mais reparaît aussitôt qu'on transporte la levure dans un milieu normal. La cellule peut cependant mourir si on attend un temps trop long.

Comment se fait-il maintenant que les êtres plus élevés en organisation soient voués à une mort fatale ? M. Le Dantec l'explique de la façon suivante (loc. cit., p. 282). Lorsqu'une cellule fonctionne, le plus grand nombre des substances qu'il appelle *R* (résidus de la nutrition) doivent être éliminées. Certaines ne le sont pas cependant, et déjà, dès le début de la segmentation, c'est

une substance R qui provoque l'agglutination des cellules produites. D'une manière générale, la substance fondamentale des
tissus est formée par ces substances non éliminées. Plus la vie
s'avance et plus elles deviennent abondantes ; elles finissent par
gêner dans leur fonctionnement certains organes importants,
comme le rein, le cœur, le foie, dont l'intégrité est absolument
indispensable à l'équilibre de toutes les autres fonctions.

Delage (*loc. cit.*, p. 768) donne une autre explication. Pour
lui toute cellule fortement différenciée est destinée à mourir
d'une façon certaine. Or, la plupart des cellules du corps sont des
cellules différenciées, depuis le système nerveux jusqu'au système
musculaire. Parmi les cellules qui ne le sont pas (globules
blancs) la vie peut se poursuivre indéfiniment si le milieu est
propice, et ces éléments ne disparaissent après la mort de l'animal que par suite de la suppression de leur milieu nutritif
normal.

Pourquoi les cellules différenciées meurent-elles plus tôt ? Delage
ne va pas plus loin : « c'est demander en quoi l'organisme vivant
« diffère de l'appareil mort. Nous ne pouvons aller jusqu'au
« bout de l'explication de la mort parce que nous n'allons pas
« jusqu'au bout dans l'explication de la vie » (*loc. cit.*, p. 771).

Ces deux théories contiennent chacune une partie de la vérité.
Ce qui est certain, c'est que plus une cellule est différenciée et
moins elle a la propriété de se diviser. Il est probable que, une
fois formées, les cellules nerveuses et musculaires et un grand
nombre de cellules glandulaires (foie) ne se divisent plus. S'il en
est ainsi, les substances R non éliminables, qui n'ont pas le temps
de s'accumuler dans les cellules charbonneuses toujours en voie
de division, ont tout le temps d'encombrer l'intérieur d'une cellule qui ne se divise pas et ne fait que maintenir en équilibre son
état d'organisation.

CHAPITRE IV

L'IRRITABILITÉ ET SES MANIFESTATIONS

IRRITABILITÉ NUTRITIVE

Lorsque l'on jette un regard sur l'ensemble des êtres vivants, on demeure frappé par la diversité des phénomènes qui se présentent à notre analyse. On distingue d'abord à un premier examen deux sortes de substances irritables dont l'essence paraît totalement différente : les végétaux et les animaux. Ces deux grandes divisions comprennent elles-mêmes une variété infinie de genres et d'espèces dans la structure desquels entrent des tissus et des organes plus ou moins nombreux, ayant chacun leur individualité propre. Et cependant, de même que nous avons vu tous les corps vivants se réduire anatomiquement à la conception d'une cellule, de même, au point de vue physiologique, le fonctionnement de l'animal le plus compliqué peut être ramené à l'activité protoplasmique d'un être unicellulaire.

Un exemple fera mieux comprendre. Chez les vertébrés, la digestion et la locomotion sont des fonctions exécutées chacune par des cellules différentes (gastro-intestinales et musculaires). Chez l'amibe, au contraire, il n'existe pas d'organe approprié à un but spécial ; le même protoplasma suffit pour faire mouvoir l'animal et pour digérer les corps étrangers qui peuvent lui servir de nourriture. En effet, l'amibe se meut de la même façon qu'un muscle ; son irritabilité motrice obéit aux mêmes influences que l'irritabilité musculaire, et si nous prenons un corpuscule englobé dans sa masse, nous verrons e former autour de lui une vacuole dans l'intérieur de laquelle sera sécrété un liquide ayant des propriétés analogues au suc gastrique. Ce liquide se chargera de préparer le corps étranger et de le mettre en état d'être absorbé.

Ainsi, chez les protozoaires, ces deux fonctions, digestion et locomotion, existent mais ne sont pas différenciées. L'essence du phénomène n'en est pas moins semblable, et il est permis de penser que les cellules des organismes inférieurs possèdent en elles-mêmes les éléments de toutes les fonctions se rapportant à un être très élevé en organisation.

Nous avons vu que la matière organique dite organisée pouvait se trouver à l'état de vie latente et n'était le siège de phénomènes d'irritabilité que lorsqu'elle se trouvait en relation d'affinité avec les différents corps simples ou composés qui l'entouraient. Dans certaines conditions physico-chimiques que nous avons détermi- nées dans le chapitre précédent, les réactions sont normales et la matière organique vivante maintient intact son état d'organisa- tion primitive : *l'irritabilité est dite alors normale ou physiologique.* Si les conditions changent d'une manière plus ou moins impor- tante, la matière vivante réagit d'une manière différente et peut perdre soit temporairement, soit d'une manière définitive, la structure qui la caractérisait. *L'irritabilité est dite alors anor- male ou pathologique.* Nous ne nous occuperons que de l'irritabi- lité normale.

Parmi les phénomènes que les êtres animés présentent à notre observation, les uns sont en rapport avec le maintien de l'équi- libre chimique existant entre leurs molécules et le milieu qui les entoure. On peut les étudier sous le nom d'*irritabilité nutri- tive.* Les autres résultent le plus souvent d'une transformation de l'énergie chimique mise en mouvement par l'irritabilité nutri- tive, et se présentent surtout sous forme de chaleur, mouvement, lumière, électricité, et probablement aussi d'activité nerveuse. Ces diverses transformations de l'énergie sont généralement en rap- port avec des différenciations cellulaires nettement dessinées et constituent pour la plupart ce qu'on appelle des fonctions : nous les décrirons sous le nom d'*irritabilité fonctionnelle.*

Il existe encore une troisième sorte d'irritabilité en rapport avec les phénomènes non de conservation de l'individu, mais de conservation de l'espèce : c'est *l'irritabilité de développement.* Nous ne nous en occuperons pas dans ce travail.

Irritabilité nutritive. — L'étude des phénomènes intimes de la nutrition présente des difficultés qui, quoique de beaucoup aplanies dans ces dernières années, sont bien loin encore d'être résolues. On tend de plus en plus à admettre que la plupart des réactions se passant au sein de l'organisme se réalisent au moyen de *ferments.* Aussi me paraît-il nécessaire de donner aussi sommairement que possible une description générale de ces dernières substances.

Les *ferments,* encore appelés *diastases,* peuvent être *solubles* et transsuder facilement au dehors de la cellule qui les a produits. Les autres restent confinés dans l'intérieur de l'élément vivant et on donne aux cellules qui les contiennent le nom de *ferments figurés.*

1. *Les ferments solubles* ont été les premiers étudiés.

Leur *composition chimique* a beaucoup d'analogie avec celle des albuminoïdes dont ils présentent les caractères généraux et on doit surtout les rapprocher des nucléo-albumines. Ils ne paraissent pas libres, mais bien unis à des matières ternaires et à des sels, et il est très difficile de les en séparer. Leur structure moléculaire n'a pas pu être déterminée exactement.

Les *propriétés physico-chimiques* des diastases sont les suivantes. La glycérine et l'eau les dissolvent, mais elles sont insolubles dans l'alcool qui les précipite de leurs solutions. Elles sont encore isolées de leur solution aqueuse quand on fait naître certains précipités floconneux ou gélatineux (précipités de phosphate de chaux). Elles ne dialysent pas à travers le papier parchemin. Elles se fixent d'une manière très intime sur la soie, la fibrine fraîche, plongées dans leur solution aqueuse.

Les agents antiseptiques peuvent tuer la cellule mais ne parviennent pas à entraver leur action.

En solution aqueuse ou à l'état de précipité humide, elles ne peuvent pas supporter une température élevée : mais, à l'état de dessiccation parfaite, on peut les chauffer jusqu'à 120° sans leur faire perdre leurs propriétés. Leur activité devient maximum lorsque la température du milieu est dans les environs de 40°.

Quelle est la nature des ferments solubles? Faut-il les considérer comme des protoplasmas vivants ou bien comme de simples substances organiques?

a) Les diastases sont solubles et ce simple fait pourrait faire croire à un défaut d'organisation. *b)* Elles peuvent subir à l'état humide et sans destruction une température beaucoup plus élevée (50 à 80°) que celle supportée ordinairement par la plupart des matières organiques vivantes. *c)* De plus, après avoir été retirées des tissus vivants par des procédés en usage dans nos laboratoires, elles peuvent être conservées comme des produits chimiques ordinaires. *d)* Enfin leur action n'est nullement abolie par la présence des substances antiseptiques ou anesthésiantes qui troublent habituellement le fonctionnement du protoplasma.

On peut répondre cependant que la solubilité n'est pas générale : la plupart des sucrases sont arrêtées par filtration sur biscuit de porcelaine ; d'autre part, un grand nombre sont entraînées par les corps en suspension n'ayant pour elles aucune affinité apparente. Enfin, point beaucoup plus important, elles ne sont pas libres, mais unies à des sels à base de potassium, magnésium, manganèse (sulfates, chlorhydrates, phosphates), et ces conditions sont celles de tout protoplasma vivant. De sorte que l'on peut supposer que ces ferments, malgré leur solubilité apparente, sont non pas des individualités vivantes, mais des *substratum organisés* (Gautier. Chimie biolog., p. 729).

Rien *a priori* n'empêche de penser que la matière vivante ne puisse se présenter dans la nature avec des formes et aussi des propriétés différentes de celles que nous sommes habitués à rencontrer lorsqu'elle affecte la forme cellulaire. Du moment où nous croyons avec Claude Bernard que la spécificité de la matière vivante n'existe pas, il faut de toute nécessité admettre qu'entre la matière organique simple et les corps vivants il se trouve des substances intermédiaires dont les propriétés peuvent différer d'une part du protoplasma, de l'autre de la matière brute.

2. Il existe des diastases qui restent confinées dans l'intérieur de la cellule : elles ne transsudent pas naturellement à l'extérieur et le liquide dans lequel ont macéré les organismes qui les contiennent n'en présente pas de traces. Jusqu'ici ces diastases n'avaient pas pu être extraites et la fermentation intra cellulaire qu'elles produisaient avait été considérée comme *vitale*, c'est-à-dire comme corrélative à la vie protoplasmique même de l'élément vivant. On avait donné aux cellules qui les contenaient le nom de *ferments figurés* (moisissures, levures, bactéries). On ne peut plus maintenant soutenir cette opinion.

En effet, Ed. Buchner, appliquant à la levure de bière le procédé que E. Buchner et Koch avaient employé pour se procurer de la toxine tuberculeuse, a pu retirer par broiement et pression de la cellule une diastase qu'il a appelée *zymase* et qui produit en vase clos de l'alcool et de l'acide carbonique aux dépens du sucre interverti. Cette diastase présente d'ailleurs les caractères des ferments solubles. Sa découverte présente une très grande importance, car elle permet de faire rentrer un phénomène considéré jusqu'ici comme exclusivement vital dans le domaine des faits physico-chimiques. « Par là on voit que chacune des propriétés « dites vitales passe peu à peu à l'état de propriété chimique, « pouvant fonctionner et être étudiée à part » (Duclaux, t. II, p. 13 et p. 554).

Le *mode d'action* de ces substances est une des parties de la chimie biologique les plus intéressantes à étudier. Les ferments agissent d'une façon très particulière, en ce sens qu'il y a toujours une énorme disproportion entre leur volume et le volume des corps qu'ils modifient. Ils paraissent agir simplement par leur présence, sans rien céder de leur substance ni perdre leur vitalité et modifient les substances avec lesquelles ils sont en rapport, sans entrer avec elles en combinaison du moins définie.

Le poids du ferment peut être un million de fois plus petit que le poids de substance transformée. L'activité ne diminue pas par l'usage et une liqueur diastasique demeure indéfiniment active (Arthus. Eléments de chimie physiologique, p. 89).

Tout le monde n'est pas d'accord sur la manière dont ils modifient la substance organique. M. Gautier fait remarquer (Chimie biologique, p. 730) que l'activité du ferment est toujours liée à son aptitude plus ou moins grande à s'unir avec la substance qu'il doit décomposer. Ainsi Wurtz a démontré que la papaïne, avant d'agir sur la fibrine, s'unit à cette dernière. Le ferment s'unit non seulement à la substance elle-même, mais encore à ses produits de dédoublement. Or, il paraît probable que la molécule fermentescible, généralement d'un poids moléculaire élevé, est très instable et doit être déjà en état de dissociation ou de dislocation partielle, grâce à la masse d'eau qui sert à la dissoudre. Le ferment peut donc s'unir avec les différents membres de la molécule en train de se dissocier et empêcher ainsi la molécule primitive de se reconstituer. Cette union ne peut être cependant que très instable : « l'action continue de l'eau, aidée surtout des « acides ou des carbonates alcalins, suivant les cas, paraît suffire « à séparer peu à peu le ferment en se substituant à lui et en « s'unissant aux parties de la molécule primitive auxquelles s'était « combiné le ferment. De cette succession de réactions (action « de l'eau, union du ferment aux parties en voie de disjonction, « détachement de ce ferment et remplacement par l'eau) résulte « le dédoublement de la molécule fermentescible avec hydrata- « tion définitive des radicaux qui en dérivent et mise en liberté « du ferment ».

Les nouvelles recherches de M. G. Bertrand tendent à donner une autre explication de l'action des diastases, du moins en ce qui concerne les oxydases. Dans ses expériences sur la laccase de l'arbre à laque, cet auteur remarque que plus est grande la quantité de manganèse contenue dans les cendres et plus grande aussi est l'activité du ferment. Cette constatation le porta à rechercher si un sel de manganèse ne pourrait pas produire les mêmes effets que la laccase. Parmi les propriétés que manifeste cette dernière, une des plus remarquables est celle qui consiste à oxyder facilement une solution d'hydroquinone et à la transformer en quinone. Or, parmi les sels de manganèse essayés, M. Bertrand trouva que cette oxydation de l'hydroquinone est produite par le lactate et le succinate de manganèse. Ces deux sels peuvent donc être considérés comme ayant une action analogue à celle des oxydases : ils peuvent en effet produire d'une manière indéfinie des phénomènes d'oxydation sans rien perdre de leur substance.

Quelle est la chimiogénie de ce phénomène ? M. Bertrand, en analysant les produits recueillis pendant la réaction, trouva que la quantité totale d'oxygène absorbé était hors de proportion avec celle contenue dans l'oxyde de manganèse des sels employés. Il en conclut qu'il y avait eu absorption de l'oxygène extérieur. Cette absorption n'avait pu se faire que par l'intermédiaire du manganèse. On sait en effet que son protoxyde a une grande affinité pour l'oxygène et se transforme rapidement en bioxyde. Ce dernier, à son tour, cède avec une grande facilité cet oxygène pour revenir à l'état de protoxyde. Dans le succinate de manganèse l'oxyde n'est pas libre, mais son union avec l'acide est si faible, que ses propriétés ne peuvent en être nullement gênées.

Il est permis de croire que dans la laccase des phénomènes analogues se produisent. Le protoxyde de manganèse, uni d'une manière superficielle à un acide organique spécial encore inconnu, doit constituer l'élément actif du ferment.

On peut rapprocher de l'action de la laccase celle du globule sanguin dans lequel le fer, si voisin du manganèse, remplit probablement le rôle vecteur d'oxygène. L'hydrate ferrique a, en effet, une action très analogue à celle du bioxyde de manganèse. Il cède avec une grande facilité son oxygène aux matières organiques avec lesquelles il se trouve en contact, et se transforme en oxyde ferreux. Ce dernier, en présence de l'air, s'oxyde de nouveau et reforme l'oxyde ferrique et ainsi de suite jusqu'à ce que toute la matière organique ait disparu.

Dans le même ordre de faits il faut rappeler les réactions assez curieuses de l'acide vanadique. Lorsque ce corps se trouve en présence d'une matière organique et d'un corps oxydant incapable de céder spontanément son oxygène à celle-ci, il commence par oxyder la matière organique, puis il refait son oxygène en l'empruntant à la matière oxydante, pour l'abandonner ensuite à la matière organique. Les réactions se continuent jusqu'à ce que le corps oxydant soit complètement réduit. D'après Binz, les sels d'arsenic produiraient une action analogue (Soulier. Traité de thérapeutique et de pharmacologie, t. I, p. 464) (1).

M. Duclaux a donné aux corps pouvant exercer des actions semblables à celles des diastases le nom de *diastases minérales* (*loc. cit.*, t. II, p. 741). Ainsi tous les acides peuvent être considérés comme des diastases, car ils peuvent intervertir des quantités illimitées de sucre. Beaucoup de sels, de substances neutres, peuvent agir comme la présure et la pepsine. Très souvent ces acides, ces bases, ces sels agissent en même temps que la diastase et M. Duclaux fait remarquer qu'il ne faut pas les considérer seulement comme des adjuvants, mais bien comme des substances agissant par elles-mêmes dans le cours de la fermentation.

On pourrait même avancer que, dans beaucoup de cas, le ferment n'intervient que pour s'unir à la substance chimique agissante et favoriser son action. Il y aurait ainsi dans une diastase deux choses à considérer : 1° la substance organique adjuvante; 2° la substance agissante qui paraît le plus souvent de nature minérale. L'union de la substance organique adjuvante (acide de nature inconnue uni au bioxyde de manganèse dans la laccase) modifierait seulement les propriétés de la substance minérale agissante par un procédé non encore déterminé : peut-être en dédoublant les molécules primitives et en les rendant plus actives. Hoppe Seyler croit en effet que l'oxygène indifférent $(O)^2$ est transformé dans l'oxydation des tissus en o + o, et devient ainsi beaucoup plus énergique.

Nous pouvons commencer maintenant l'étude de l'irritabilité

------

(1) Une proportion de 2 pour 100 d'acide arsénieux sous forme d'arsénite de potasse favorise d'une façon très nette l'action de la zymase. (Duclaux, t. II, p. 563).

nutritive, et nous le ferons, non en expérimentant sur les animaux supérieurs, mais bien en prenant des organismes inférieurs unicellulaires, car, chez les premiers, le déterminisme absolu du phénomène à étudier est pour ainsi dire impossible à résoudre en raison de la variabilité très grande du milieu dans lequel sont plongés les éléments cellulaires qui les composent. Il n'en est pas de même chez les derniers : l'aliment est toujours limité comme nombre de substances nécessaires, et il est facile d'expérimenter toujours dans les mêmes conditions.

Nous décrirons pour commencer, comme étant suffisamment connus, les phénomènes dont un ferment figuré, la levure de bière, est le siège.

Vu au microscope ce champignon, encore appelé mycoderma cerevisiæ, se présente sous la forme de cellules sphériques ou légèrement allongées, avec un noyau bien net. Ces cellules sont assemblées sous forme de chapelet et se multiplient par bourgeonnement. Ensemencées dans une solution de sucre de canne elles se développent différemment, suivant qu'elles fonctionnent à l'abri de l'air ou qu'elles se développent à l'air libre.

Dans le *premier cas* la levure commence par rendre le sucre de canne assimilable en sécrétant un ferment soluble appelé *invertine*, qui, mélangé à la liqueur sucrée primitive, le transforme en glycose et lévulose en l'hydratant :

$$C^{12}H^{22}O^{11} + H^2O = C^6H^{12}O^6 + C^6H^{12}O^6$$

Saccharose.   Glycose.   Lévulose.

La levure est alors en présence d'un aliment qui peut servir à sa nutrition. En effet, aussitôt qu'elle l'a absorbé, on aperçoit un dégagement d'acide carbonique, et le liquide sucré renferme de l'alcool qui n'existait pas auparavant. Cette transformation de la glycose en alcool est due non à un ferment soluble, mais à un ferment contenu dans l'intérieur de la cellule et intimement uni à ses éléments : c'est une diastase appelée zymase par Buchner.

Voilà deux actions bien nettes dues au fonctionnement vital de la levure : 1° production d'invertine, allant au dehors de la cellule modifier l'aliment ; 2° production de zymase qui reste intracellulaire et décompose la glycose en acide carbonique et en alcool. Pendant ce temps, la levure a fonctionné d'une manière anaérobie et s'est à peine multipliée. Elle n'a presque pas absorbé d'oxygène et la chaleur nécessaire à son fonctionnement a été empruntée à la décomposition de la glycose en acide carbonique et en alcool.

Si nous prenons la même levure et que nous la fassions vivre d'une façon *aérobie*, c'est-à-dire si nous la mettons dans un vase largement découvert et exposé à l'air libre, nous voyons la vie de la cellule devenir entièrement différente. Son poids ne reste plus stationnaire; on le voit, au contraire, augmenter dans des proportions considérables et atteindre 250 grammes pour 1 000 grammes de sucre disparu. Dans les réactions qui se produisent on ne rencontre presque plus d'alcool; une partie de la glycose est transformée en matières hydrocarbonées grasses et albuminoïdes, servant à construire le corps de la levure, l'autre se change en eau et en acide carbonique.

Un même organisme peut donc vivre d'une manière très différente suivant le milieu dans lequel il fonctionne et, les matériaux protoplasmiques essentiels restant les mêmes, les produits de désassimilation changent complètement. Dans un cas (fonctionnement anaérobie) la levure se développe très peu et on trouve comme produits de l'acide carbonique et de l'alcool; dans l'autre (fonctionnement aérobie) la levure augmente beaucoup de poids, mais, au lieu de produire de l'acide carbonique et de l'alcool, elle forme de l'acide carbonique et de l'eau.

Il existe beaucoup d'autres ferments figurés auxquels l'oxygène est indispensable ou qui au contraire ne se développent qu'à l'abri de l'air. Parmi les premiers (*aérobies*) nous citerons le *mycoderma aceti* qui transforme l'alcool en acide acétique; le *mycoderma vini* qui, au contact de l'air, forme de l'eau et de l'acide carbonique aux dépens du même alcool; le *ferment lactique* qui transforme la glycose en acide lactique.

Parmi les *anaérobies*, il faut citer le *ferment butyrique*, qui change l'acide lactique en acide butyrique; le *tyrothrix urocéphalum* qui s'attaque de préférence à la matière albuminoïde du lait, et dont le fonctionnement présente pour nous le plus grand intérêt. Il respecte, en effet, les matières grasses et le sucre de lait et s'attaque, par la pepsine spéciale qu'il sécrète, à la caséine qu'il transforme en peptone, leucine et urée (Gautier).

Nous pourrons tirer de cette courte étude les conclusions suivantes :

1° *Le fonctionnement de la matière vivante diffère avec les circumfusa.* En effet, l'alimentation restant la même, nous avons vu la levure de bière fonctionner différemment suivant qu'elle se trouvait dans les conditions d'un organisme aérobie ou anaérobie.

2° *Il diffère avec la variété de cellule*, toutes choses égales d'ailleurs. Ainsi le mycoderma aceti et le mycoderma vini usent dans les mêmes conditions d'un même aliment, l'alcool, et le résultat de leur fonctionnement est différent. Il y a donc une spécificité cellulaire; la structure du protoplasma n'est pas une, mais bien variable avec les diverses cellules.

3° *Chaque élément vivant paraît avoir besoin d'un aliment spécial.* Ainsi dans le lait le tyrothrix urocephalum ne s'attaque qu'à la matière albuminoïde, tandis que le ferment lactique choisira comme aliment la glycose.

Essayons maintenant d'appliquer ces notions à l'étude de la nutrition des êtres formés de cellules réunies en groupes plus ou moins compliqués.

Le corps d'un animal est formé par une association de cellules qui paraissent elles aussi jouir d'une espèce de spécificité; elles sécrètent des ferments qui peuvent être solubles, et vont, comme celui de la levure, modifier le milieu dans lequel elles se trouvent placées. Elles possèdent aussi des ferments de constitution qui exercent leur action sur les liquides nutritifs dans l'intérieur de leur protoplasma. L'étude de quelques-uns des phénomènes qui se passent pendant la digestion nous fournira à ce sujet des notions intéressantes.

Lorsqu'un albuminoïde arrive dans l'estomac, il commence, grâce aux ferments digestifs, par subir une série de dédoublements qui le transforment en molécules de plus en plus simples. La syntonine est le premier terme de ces dédoublements; l'albumine de l'œuf a en effet un poids moléculaire de 6 000, tandis que celui de la syntonine n'est que de 2 950. La syntonine se dédouble ensuite et il se forme des peptones ayant un poids moléculaire de moins en moins élevé. La molécule albuminoïde se simplifie ainsi de plus en plus, par suite d'hydratations successives (Gautier).

En même temps que les albuminoïdes, sont ingérés des graisses et des hydrates de carbone. Les graisses sont en partie saponifiées et les hydrates de carbone sont transformés en sucres assimilables. C'est là un travail qui se passe en dehors de la cellule et qui est produit par tous les ferments sécrétés par les glandes de la portion supérieure du tube intestinal : nous n'avons pas à y insister. Tous ces produits pénètrent dans les villosités intestinales et suivent deux voies différentes : la voie lymphatique et la voie des veines mésaraïques. A partir de ce moment, les aliments sont encore transformés soit par les cellules mêmes des villosités auxquelles on tend à donner de plus en plus un rôle actif dans la digestion, soit par les globules blancs, les ganglions lymphatiques et le foie. Ainsi les peptones, probablement absorbés par la veine porte, disparaissent et sont transformés en substances albuminoïdes nouvelles. D'après Gautier, une partie des matières protéiques serait changée dans le foie en urée, avec production secondaire de glycogène, cholestérine, glycocolle, taurine, tyrosine, etc. Les graisses, surtout absorbées par les chylifères, sont modifiées, et tendent à se rapprocher de la nature de celles que renferme l'organisme de l'animal en expérience. Quant aux sucres, absorbés à l'état de glycose, ils sont en général arrêtés par le foie qui les transforme en glycogène. Ce glycogène sera retransformé plus tard en glycose, au fur et à mesure des besoins de l'organisme.

L'aliment ainsi modifié va se jeter dans le sang par le moyen de la veine cave inférieure et du canal thoracique. Il est ensuite porté au niveau de chaque cellule pour y subir les transformations chimiques qui caractérisent la vie protoplasmique.

Ces deux études (ferments et digestion chez les vertébrés) vont nous permettre d'établir un parallèle entre la nutrition d'un animal très différencié et celle d'un être unicellulaire. Dans les deux cas nous voyons l'aliment être d'abord transformé en dehors de la cellule (invertine de la levure de bière), puis pénétrer dans son intérieur pour y subir d'autres modifications toujours d'ordre fermentatif (alcoolase de la même levure).

Chez les êtres unicellulaires, tous les ferments sont sécrétés par une même cellule et il n'y a pas de différenciation. Il n'en est plus de même chez l'animal à organisation plus complexe. Chaque cellule sécrète un ferment spécial et les cellules destinées à modifier l'aliment sont très nombreuses, parce qu'au lieu d'avoir un seul aliment à transformer (glycose pour la levure), l'animal doit modifier des albuminoïdes, des matières grasses et des sucres. Une seule cellule ne pourrait suffire à tout et une division du travail s'impose. Elle a pour conséquence des différenciations cellulaires, mais l'essence du phénomène est toujours la même. Il ne serait pas à priori impossible de produire, au moyen de différents microbes, une digestion artificielle du lait semblable à celle observée dans l'économie. On n'aurait pour cela qu'à associer plusieurs organismes unicellulaires, tels que la levure de bière, le mycoderma vini, le ferment lactique et le tyrothrix urocephalum.

« Ce dernier, sans toucher aux sucres ni aux graisses, irait, « par la pepsine spéciale qu'il sécrète, changer la caséine en pep- « tone, leucine, tyrosine, urée. La levure de bière se dévelop- « pant aux dépens des matières salines du lait et des produits « ammoniacaux formés par le tyrothrix, changerait par son « invertine le lactose de ce lait en glycose, qui se dédoublerait « en donnant de l'alcool et de l'acide carbonique. Le ferment « lactique agirait en même temps aux dépens de ces sucres pour « former un peu d'acide lactique. Enfin, si l'air intervenait, le « mycoderma vini s'emparerait de l'alcool formé par la levure « pour l'oxyder et le transformer en acide carbonique et en eau « en élevant sensiblement la température générale de la liqueur « qui fermente » (Gautier. Cellule vivante, p. 63).

Cette étude de l'irritabilité nutritive est certainement incomplète, mais elle est suffisante, je crois, pour permettre de comprendre comment une cellule arrive à modifier le milieu qui l'entoure, de façon à rendre assimilables les matières situées en dehors d'elle, et comment aussi elle parvient à transformer à son profit les substances qui ont pu pénétrer dans son intérieur.

Il est impossible pour le moment de pousser plus loin nos investigations, mais j'espère que dans un avenir, peut-être très rapproché, nous arriverons à franchir le seuil de cet antre jusqu'ici impénétrable, où la nature se plaît à renfermer ses soi-disant terribles secrets. Nous saisirons alors tous les intermédiaires par lesquels la matière brute arrive à ce que l'on appelle la vie, et je ne crois pas que nous en soyons plus étonnés pour cela. Tout doit se passer de la manière la plus simple et il ne faut pas oublier que beaucoup de choses ne nous paraissent mystérieuses que parce que nous ignorons le déterminisme de leur production.

Il convient, en terminant ce chapitre, de jeter un regard sur les différences qui paraissent séparer les végétaux et les animaux au point de vue de la nutrition.

1° La plante peut partir de matières minérales pour former le protoplasma (liquide de Raulin, liquide de Pasteur); tandis que l'animal ne peut se nourrir que de matières ayant déjà été organisées. Cette différence est plutôt apparente qu'elle n'est réelle. La nature de l'aliment n'a pas changé : ce sont toujours des matières minérales et organiques, mais dans un état moléculaire beaucoup plus compliqué et à dislocation de la molécule plus facile. On connaît la composition exacte de la plupart d'entre elles et, avec les progrès de la chimie, on pourra les fabriquer de toutes pièces.

2° Une autre différence consisterait dans ce fait que la plante dégage de l'O et absorbe de l'acide carbonique, tandis que l'animal, au contraire, absorbe de l'O et dégage CO^2.

En effet, mettons une tige de riz dans une éprouvette de verre remplie d'eau, dans laquelle est dissoute une petite quantité d'acide carbonique, et renversons l'éprouvette sur un cristallisoir rempli du même liquide. Si nous exposons le tout au soleil, nous voyons le dégagement de l'oxygène commencer aussitôt et l'acide carbonique être absorbé. Cette contradiction dans les deux phénomènes n'est qu'apparente. L'oxygène est aussi nécessaire à la plante qu'à l'animal. Il n'est pas possible d'admettre que, la substance vivante étant identique dans les deux règnes, il y ait une si grande différence dans leur nutrition. Cette élimination de l'O et cette absorption de CO^2 sont simplement le fait de la fonction chlorophyllienne, si importante chez la plupart des plantes, que l'on a pris les phénomènes qui l'accompagnent comme caractérisant la véritable respiration de la plante.

En réalité, si la feuille verte vit dans l'obscurité, sa nutrition est semblable à celle de l'animal. Comme lui, elle absorbe de l'O et rejette CO^2, et certaines parties de la plante, à un certain moment du développement (par exemple la fleur au moment où elle forme ses ovules), peuvent absorber autant d'oxygène et émettre autant d'acide carbonique que l'animal à sang chaud.

3° On a cru trouver aussi une autre différence dans ce fait que les végétaux forment seuls des principes immédiats. Cela n'est pas exact : les animaux aussi forment de la graisse, des sucres (glycogène), mais ce travail, destiné à accumuler des réserves, est très peu apparent, tandis qu'il est prépondérant dans le règne végétal.

En somme, partout où nous voyons fonctionner une matière organique organisée, nous ne pouvons distinguer de différences capitales dans la nutrition, et l'irritabilité nutritive est toujours soumise aux mêmes lois. Les différences ne tiennent qu'à des différenciations plus ou moins accusées dans la structure de l'élément primordial, c'est-à-dire la cellule. Ces différenciations sont elles-mêmes la conséquence de la loi de la division du travail.

CHAPITRE V

L'IRRITABILITÉ ET SES MANIFESTATIONS (*suite*).

IRRITABILITÉ FONCTIONNELLE

Les échanges d'affinité chimique qui se passent entre la cellule
et le milieu nutritif peuvent se manifester à nos sens par divers
phénomènes qui ne sont, pour la plupart, que des transformations de l'énergie chimique. Parmi ces dernières la plus fréquente
est certainement celle qui est décrite sous le nom d'énergie calorique. Mais elle n'est pas la seule, et l'énergie chimique peut se
transformer directement en énergie motrice, électrique, lumineuse et probablement aussi nerveuse.

Phénomènes caloriques. — La vie du protoplasma consiste
en une série de combinaisons et de décompositions chimiques
s'accompagnant soit de dégagement, soit d'absorption de chaleur ;
de là deux sortes de réactions : les réactions *exothermiques* et les
réactions *endothermiques*. Parmi les premières il faut citer surtout
les oxydations, les hydratations et les transformations isomériques ;
parmi les secondes se rangent les réductions et la plupart des
déshydratations.

Les réactions exothermiques dominent en général, et tout fonctionnement protoplasmique s'accompagne de dégagement de
chaleur. Ce fait s'applique non seulement aux animaux à sang
chaud, mais aussi aux animaux à sang froid, et même aux plantes
qui, au moment de la floraison, par exemple, peuvent dégager
une quantité très appréciable de chaleur.

L'origine de la chaleur animale est une des questions de physiologie générale qui ont été le plus vivement agitées. Les anciens
considéraient la chaleur comme la manifestation d'une force spéciale, indépendante des agents extérieurs et à l'influence de

laquelle étaient soumises toutes les fonctions de l'économie. Aristote et Galien plaçaient cette chaleur innée dans le cœur. Cette doctrine régna jusqu'au xvie siècle et suivit ensuite les vicissitudes et les errements des diverses théories qui se succédèrent après que l'influence de Galien eut perdu de son prestige. Les iatrochimistes, avec Van Helmont et Sylvius, s'efforcèrent de démontrer que la chaleur était produite par les réactions chimiques accomplies dans l'organisme, surtout par les fermentations ; mais ils ne confirmèrent leur théorie par aucune expérience démonstrative. Les iatromécaniciens vinrent ensuite, et la chaleur animale eut une origine toute mécanique (frottement du sang contre la paroi des vaisseaux). Ce n'est que vers la fin du xviiie siècle que Lavoisier démontra que l'oxygène introduit dans les voies respiratoires attaque les substances organiques fournies par la digestion et les brûle pour former de l'acide carbonique et de l'eau : il affirma que cette combustion lente était la véritable source de la chaleur animale. Lavoisier s'était posé la question de savoir si la combustion des matériaux s'effectuait dans le poumon ou dans les capillaires généraux, mais il ne s'était pas prononcé d'une manière définitive. (1). Les expériences de Spallanzani, de Malgaigne et de Claude Bernard résolurent la question et démontrèrent que cette combustion se passait, non dans les poumons, mais bien à la périphérie, au niveau des éléments anatomiques eux-mêmes.

Quels sont les corps qui servent de combustible? Ces corps doivent être recherchés dans les principes immédiats de l'organisme : les albuminoïdes, les graisses et les hydrates de carbone.

On est à peu près d'accord maintenant pour faire de l'oxydation des hydrates de carbone la source la plus importante de la chaleur dégagée dans les organes. Le terme général de cette oxydation est la production d'acide carbonique et d'eau avec dégagement de chaleur. Les autres principes immédiats (albuminoïdes et graisses) peuvent d'ailleurs, à la suite de réactions diverses se passant dans l'intérieur de la cellule, donner naissance aux éléments hydrocarbonés : Claude Bernard a en effet démontré qu'un animal nourri exclusivement d'albuminoïdes pouvait cependant produire encore du glycogène.

L'oxydation des hydrates de carbone n'est pas la seule source

---

(1) GAVARRET. Les phénomènes physiques de la vie, p. 101.

de la production de la chaleur animale. Il faut encore citer, quoiqu'à un moindre degré, les hydratations et les transformations isomériques.

Toute l'énergie chimique libérée dans toutes ces réactions ne saurait être toujours enregistrée par le calorimètre : une partie est transformée en mouvement, électricité, lumière, ou bien sert à fournir le calorique nécessaire aux réactions endothermiques se passant dans l'économie. Nous venons de voir aux dépens de quels matériaux se produit la chaleur. Quel en est le siège de formation ?

a. Le sang. On sait maintenant que ce n'est pas dans les poumons mais dans les tissus que se font les phénomènes de combustion. Néanmoins, pendant l'hématose, pendant la combinaison, peu stable d'ailleurs, de l'oxygène avec l'hémoglobine, il y a un dégagement de chaleur qui a donné par le calcul 15 cal. 19 pour 32 grammes d'oxygène. Cette cause d'échauffement du sang ne suffit pas à compenser toutes les autres causes de refroidissement qui se produisent en même temps (réduction en gaz de l'acide carbonique dissous, refroidissement par évaporation de l'eau pulmonaire, et par échauffement de l'air inspiré), de sorte que, en totalisant, on trouve que, pendant la respiration, le sang se refroidit d'environ un dixième de degré (Morat et Doyon. Traité de physiologie, p. 337).

b. Parmi les autres sources de calorique, il faut citer en première ligne *le tissu musculaire.* Le fait peut être démontré expérimentalement au moyen d'aiguilles thermo-électriques et le muscle, vu sa grande masse, peut être considéré comme la source la plus importante de la production de chaleur chez l'animal.

Les substances chimiques qu'emploie le muscle pour former de la chaleur sont fournies par les hydrates de carbone que la fibre musculaire accumule dans son tissu sous forme de glycogène. Ce glycogène peut venir directement de la nutrition cellulaire elle-même, mais la plus grande partie provient de la glycose du sang. Le dégagement de chaleur se fait d'une manière continue, par suite de la contraction permanente du muscle appelée *tonicité* ; il est à son maximum pendant la contraction statique. Lorsque le muscle exerce un travail, il y a transformation d'énergie chimique en énergie mécanique et le dégagement de chaleur en est diminué d'autant. Les réactions musculaires restent pourtant les mêmes et peuvent être mesurées par le dégagement d'acide carbonique respiratoire (Morat et Doyon, p. 302).

c. Après les muscles, *les glandes* peuvent être considérées comme la source la plus importante de chaleur. On sait que le sang qui sort du foie, du rein, est beaucoup plus chaud (Cl. Bernard), et si on analyse le sang qui sort des glandes, on le trouve plus riche en acide carbonique et plus pauvre en glycose.

d. *Le système nerveux* doit aussi produire une augmentation de la chaleur totale du corps pendant son fonctionnement ; mais la quantité de calorique dégagée est très petite et ne peut pas être mise en parallèle avec celle fournie par les muscles et les glandes. Il convient d'ajouter cependant que le système nerveux exerce sur la calorification une influence indirecte de la plus haute importance (1), car, d'une part, par suite des actions vaso-motrices qu'il provoque, il peut soit augmenter soit diminuer la déperdition à l'extérieur. D'autre part, il agit sur le fonctionnements de certains organes importants au point de vue de la thermogénèse par le grand dégagement de chaleur que produisent les actions chimiques dont leur substance protoplasmique est le siège (sécrétions, tonicité et contraction musculaire). Tout nerf moteur ou sécréteur serait donc, dans ce sens, un nerf thermique (Morat et Doyon, p. 4o3).

Phénomènes de mouvement. — Le mouvement, considéré d'abord comme le propre des animaux, existe aussi dans le règne végétal et peut être considéré comme une propriété inhérente à tout protoplasma vivant, différencié ou non en tissu musculaire.

Chez les plantes, les mouvements sont différents suivant que les parois cellulaires sont souples ou rigides. Dans ce dernier cas ils ne sont pas visibles extérieurement et on doit les rechercher au microscope. On voit alors la masse protoplasmique, qui, au début de l'évolution plastidaire, remplissait toute la cavité de la cellule, venir en tapisser les parois en entraînant avec elle le noyau et en laissant une cavité. Des travées formées par le même protoplasma réunissent entre elles les parois de cette cavité et forment un réseau dont la forme varie incessamment. On les voit, en effet, se briser, se rétracter, s'allonger, se réunir les

---

(1) J.-F. Guyon. Contribution à l'étude de l'hyperthermie centrale consécutive aux lésions de l'axe cérébrospinal, en particulier du cerveau, Paris, 1893.

unes aux autres; on les voit aussi naître du protoplasma pariétal comme des pseudopodes et aller à la rencontre de leurs voisines pour faire partie du réseau. Quelques-unes se rétractent et rentrent dans la masse pariétale.

S'il existe une membrane peu rigide, le protoplasma peut l'entraîner en se contractant, et il se produit extérieurement des mouvements d'ensemble (oscillaires, bactéries, diatomées).

Lorsque la cellule est complètement nue, comme chez les myxomycètes, toute la masse cellulaire se déplace en rampant et en émettant par tous les points de sa surface des bras plus ou moins longs.

La locomotion extérieure peut se faire encore au moyen de cils vibratils plus ou moins nombreux.

Nous ne ferons que signaler les mouvements qui se passent dans certaines feuilles (sensitives) ou dans les fleurs (anémones).

Outre ces mouvements de totalité, le protoplasma se montre traversé par des courants portant des granulations nombreuses et affectant divers sens. Ces courants se montrent aussi bien dans le protoplasma des cellules fixes que dans celui des cellules mobiles. Dans certains cas, le noyau et certaines granulations spécifiques peuvent être le siège de mouvements. Ainsi le noyau se transporte toujours vers le point de la cellule où le mouvement nutritif est le plus actif, et les granulations chlorophylliennes présentent sous l'influence de la lumière des déplacements variés.

Chez les animaux inférieurs (Rhizopodes), de même que chez les plantes, le mouvement ne présente pas d'organes spéciaux, du moins perceptibles à nos moyens d'investigation, et tout le protoplasma paraît doué de la faculté de se mouvoir. On le voit, par exemple chez les amibes, émettre des prolongements appelés pseudopodes et ressemblant à ceux des myxomycètes. Lorsque l'animal sécrète une coquille, cette propriété est limitée aux points correspondants aux ouvertures pratiquées dans celle-ci (Foraminifères). Chez la gromia fluvialis, un seul point du corps laisse passer la substance sarcodique qui affecte alors au dehors la forme de pseudopodes très ramifiés et très étendus.

Plus on avance en organisation et plus les phénomènes de motilité se localisent, par suite de différenciations protoplasmiques de plus en plus compliquées. Ainsi, chez les infusoires, apparaissent des formations qui ressemblent au tissu musculaire et se présentent sous formes de stries situées à l'intérieur du corps, sous le tégument externe, et montrant une distribution tantôt parallèle, tantôt oblique relativement à l'axe longitudinal du corps. On peut, dans certains cas, observer certaines de ces stries, appelées alors péristomiques, venant converger vers l'orifice qui sert de bouche à l'animal. (Gegenbaur, Manuel d'anat. comparée, p. 96).

Le plus haut degré de différenciation est représenté par le *tissu musculaire*. Pour cela, on voit une cellule (myoblaste) s'allonger et les noyaux se multiplier. La substance musculaire apparaît ensuite dans la couche périphérique sous forme de fibrilles qui, dès leur formation, sont transversalement striées.

Ces dernières, que l'on doit regarder comme le résultat d'une élaboration protoplasmique, ne forment pas une couche continue, mais sont interrompues par des irradiations partant du protoplasma central et divisant leur masse en groupes distincts (colonnes musculaires).

Chez les insectes, il n'y a pas de myolemme et les noyaux restent axiaux. Chez les vertébrés, il se forme plus tard une membrane cellulaire et les noyaux de centraux deviennent périphériques (Duval. Traité d'histologie, p. 542).

Ce tissu musculaire devient alors le siège de la plupart des mouvements. On rencontre cependant, même chez les animaux les plus élevés en organisation, certaines cellules qui ont un mouvement propre ressemblant à ceux des protozoaires : par exemple, les globules blancs, les spermatozoïdes, les cellules à cils vibratils. Les prolongements des cellules nerveuses des centres seraient aussi doués, d'après Duval, de mouvements amœboïdes.

Quelle explication peut-on donner des mouvements qui se passent dans le protoplasma ? Essayons d'abord de nous rendre compte de ce qui se passe dans les organismes unicellulaires.

Quincke a surtout bien étudié ce point spécial de la question. Il a cherché à démontrer que le mouvement des organismes inférieurs ne résultait que de la mise en jeu de phénomènes purement physico-chimiques. Pour cela, il plaçait dans un vase d'eau une goutte d'un mélange d'huile d'amandes douces et de chloroforme; puis, à l'aide d'un fin tube capillaire, il disposait contre la goutte ainsi formée une solution de carbonate de soude à 2 pour 100. On voyait alors des changements de forme se passer dans la goutte d'huile chloroformée, et ces changements étaient semblables à ceux d'une amibe.

Sans accepter toutes les déductions que Quincke tire de ses expériences, on peut cependant se figurer le mouvement d'une amibe comme étant dû à certaines réactions se passant entre le liquide entourant le protoplasma et le protoplasma lui-même.

Le mouvement résulte en effet d'une transformation de l'énergie chimique mise en jeu dans les réactions intermoléculaires se passant au sein de la substance protoplasmique. Cette transformation, difficile à contrôler sur les animaux inférieurs, devient relativement facile lorsqu'on s'adresse aux mouvements dont les êtres élevés en organisation sont le siège, à cause des différenciations protoplasmiques accusées qui se sont produites. On voit alors nettement que, lorsque le muscle satisfait ses affinités chimiques sans produire de travail (contraction à vide), l'organe s'échauffe et perd par rayonnement ou par contact le calorique qui vient de se produire. Cet échauffement ne se produit que très peu lorsque le muscle travaille, et on a pu nettement établir l'équivalence du travail mécanique effectué et de la chaleur qui aurait dû se produire.

Les rapports de causalité entre le mouvement du protoplasma et les variations du milieu extérieur se démontrent très nettement par l'étude de ce que l'on appelle *les tactismes*.

Chimiotactisme. — Lorsqu'une substance chimique agit sur un des côtés seulement d'un corps protoplasmique, il se produit des phénomènes de mouvement soit positifs, soit négatifs. Ces mouvements dépendent de la nature de la substance excitante, de son degré de concentration et de la structure du protoplasma soumis à l'expérience.

L'action de l'oxygène est remarquable. Engelmann a démontré qu'une foule de bactéries peuvent servir de réactif extrêmement sensible pour déceler la présence de très petites quantités de ce corps. On n'a pour cela qu'à déposer dans un liquide contenant des microorganismes une petite algue ou une diatomée, pour la voir bientôt entourée par une couche épaisse de bactéries attirées par l'oxygène que met en liberté l'assimilation chlorophyllienne. Certains schizomycètes sont sensibles à un trillionième de milligramme de ce gaz.

Stahl et Pfeffer ont étudié d'une manière systématique l'action de substances liquides (Oscar Hertwig. La cellule, p. 111). Stahl se servait de la fleur de tan qui est attirée par une infusion de tan et repoussée par une solution de sel de cuisine ou de salpêtre. Pfeffer s'est occupé du chimiotactisme qu'on observe sur de petites cellules mobiles, comme les anthérozoïdes, les bactéries, les flagellates, les infusoires. Il employait de fins tubes capillaires remplis de la solution à expérimenter, et il les plongeait dans un liquide contenant la cellule à étudier. Il a trouvé que l'acide malique constitue un excitant énergique pour les anthérozoïdes des fougères. A partir d'un minimum (0,001 pour 100), l'action attractive augmente jusqu'à un certain point; elle diminue ensuite et le chimiotactisme positif se transforme en négatif.

Pour juger combien est minime la quantité d'acide malique pouvant produire une réaction, il suffit de dire que, dans un tube capillaire contenant une solution de 0,001 pour 100, il n'existe que la 35 millionième partie d'un milligramme de cette substance.

L'excitant chimique, pour produire des mouvements, ne doit agir que d'un côté, et il faut qu'il y ait pour chaque substance examinée une différence de solution égale au moins à 1 pour 30 entre le liquide dans lequel sont plongés les anthérozoïdes des fougères et celui qui remplit le tube capillaire.

Les divers organismes sont loin de réagir de la même manière en présence d'une même substance. L'acide malique ne produit pas la moindre action sur les anthérozoïdes des mousses. Il faut, pour que le tactisme apparaisse, une solution de sucre de canne à 0,1 pour 100. Les anthérozoïdes des hépatiques et des characées ne réagissent d'aucune façon en présence de ces deux substances.

Toutes les matières exerçant sur les organismes une action attractive n'ont pas toujours pour eux une valeur nutritive : il en est même qui sont toxiques. Mais en général les protoplasmas ont un chimiotactisme positif pour les substances nutritives et négatif pour les corps nuisibles. Ce fait paraît dû à une sélection primitive qui se serait produite au moment où la vie organique a commencé à apparaître. Dans le milieu existant alors, il n'est resté de vivant que les êtres qui ont pu s'en accommoder : les autres ont complètement disparu, et il est probable que, si les conditions de milieu actuel changeaient, la faune des êtres vivants ne serait plus la même.

Les phénomènes de chimiotaxie ont une grande importance dans la pathogénie d'un grand nombre de maladies. Lorsqu'on introduit par exemple dans le sac lymphatique d'une grenouille un tube capillaire rempli d'une substance capable de produire l'inflammation, on le voit se remplir en peu de temps d'une grande quantité de corpuscules lymphatiques, et si on le place dans le tissu conjonctif sous-cutané, il survient rapidement des phénomènes de diapédèse.

Il faut surtout ranger parmi les substances capables de faire naître de l'inflammation un grand nombre de microorganismes et les sécrétions qui les caractérisent.

L'étude du chimiotactisme est donc indispensable à connaître lorsque l'on étudie les maladies causées par les microbes pathogènes. Les phénomènes que l'on observe dans ce cas sont semblables comme nature à ceux observés à l'état physiologique. « Si les leucocytes peuvent être excités par des substances chimi- « ques engendrées par des microorganismes, cela se produit « d'après des lois semblables à celles que l'on peut établir pour « les cellules en général » (Oscar Hertwig, *loc. cit.*, p. 116). On connaît les remarquables travaux de M. Metschnikoff sur ce sujet (Leçons sur la pathologie comparée de l'inflammation, Paris, 1892).

Galvanotactisme. — L'action de l'électricité galvanique sur le protoplasma de certains organismes inférieurs présente à notre observation quelques faits intéressants à noter (voir O. Hertwig, p. 102). Si on plonge dans une goutte d'eau, contenant un grand nombre de paramécies, deux électrodes impolarisables, on voit, aussitôt que le courant passe, ces infusoires fuir le pôle positif pour se porter en foule vers le négatif.

A l'ouverture du courant, les paramécies quittent le pôle négatif et se disséminent de nouveau dans la totalité de la surface de la goutte (Verworn). Si la goutte de liquide contient un amibe, on remarque, au début de la fermeture, l'arrêt du courant intérieur protoplasmique ; il se forme ensuite des pseudopodes hyalins qui se dirigent vers le pôle négatif.

Ces deux faits ont reçu le nom de *galvanotropisme négatif*. Verworn a constaté que le galvanotropisme devient positif si on fait les mêmes expériences sur des flagellates (cryptomonas) et certaines bactéries.

La question de l'action de l'électricité sur les organismes est très complexe, car on n'est jamais absolument certain que les effets observés ne sont pas provoqués par les produits de décomposition électrolytique (acides au pôle positif, bases au pôle négatif).

La lumière est aussi capable de déterminer des mouvements dans les cellules des plantes ou des animaux inférieurs. Ainsi elle produit des déplacements variés dans les glomérules chlorophylliens, consistant soit en changement de forme, soit en translation de sens déterminé. L'appareil chlorophyllien du mésocarpus (algue filamenteuse) nous en fournit un exemple. Sous l'influence d'une faible lumière on le voit s'orienter de manière à se présenter perpendiculairement à l'axe des rayons. Le contraire arrive lorsque la lumière est forte : le corps chlorophyllien se dirige parallèlement à cet axe et se protège contre un éclairage trop intense ; il se contracte en même temps et devient plus petit.

La lumière produit encore des mouvements sur les cellules pigmentées, appelées *chromatophores*, que possèdent une foule d'invertébrés et de vertébrés. Ainsi la grenouille, placée au grand jour, prend une coloration plus claire parce que les cellules pigmentées de noir qui se trouvent étalées dans le derme rétractent les prolongements ramifiés qu'elles émettaient dans l'obscurité et se transforment en petites boules noires moins visibles.

Ce ne sont pas seulement les parties intracellulaires qui peuvent être sensibles à la lumière : on remarque aussi des êtres unicellulaires entiers que la lumière attire ou fait fuir. Ainsi les plasmodies d'œthalium septicum ne s'étalent à la surface du tan que dans l'obscurité : lorsque le jour commence elles s'enfoncent dans la profondeur ; on les appelle *photophobes*. D'autres cellules au contraire, comme les *Tetraspora* (algues vertes mobiles) et les *Euglena viridis*, recherchent la lumière ; elles prennent le nom de *photophylles*. Tous les rayons du spectre n'exercent pas la même influence sur le protoplasma vivant ; les plus actifs sont les rayons les plus réfrangibles (bleus, indigos, violets (O. Hertwig, p. 94).

On a aussi décrit des phénomènes de **thermotropisme**, de **thigmotropisme** (contact), etc. Nous n'avons pas à y insister ici.

L'influence des agents extérieurs est bien nette si on s'adresse aux organismes inférieurs ; mais elle est plus difficile à comprendre lorsqu'on passe par exemple au muscle. Nous aborderons ce point de la question quand nous nous occuperons de l'influence du système nerveux sur le tissu musculaire et les autres tissus.

Phénomènes électriques. — La matière vivante est le siège de véritables phénomènes électriques soumis aux mêmes lois que les autres manifestations de l'irritabilité cellulaire. Cette production d'électricité peut s'observer facilement sur un fragment cylindrique de muscle sur lequel on place deux électrodes impolarisables, une sur une des faces latérales, l'autre sur une des surfaces de section. On voit alors se produire une différence de potentiel : la face latérale du muscle devient positive et la surface transversale négative, et en réunissant ces deux points par un conducteur, on constate l'existence d'un courant allant de la face latérale à la section transversale ; c'est là ce qu'on appelle *le courant de repos*. En provoquant la contraction du muscle, on voit l'aiguille du galvanomètre revenir plus ou moins vers le zéro et Dubois Raymond a donné à ce phénomène le nom d'*oscillation négative*.

Les nerfs et les glandes peuvent être aussi le siège de productions électriques analogues. Nous n'insisterons pas sur tous ces phénomènes dont l'étude est loin d'être complète.

Il n'en est pas de même des productions électriques se passant chez certains animaux et ayant un but physiologique très apparent : je veux parler de véritables organes électriques que possèdent certains poissons, comme la torpille, le gymnote électrique, le malaptérure et, à un degré bien moindre, les raies et les mormyres.

Chez la torpille, l'organe électrique est formé de deux masses molles, gélatineuses, occupant une grande partie du corps de l'animal et situées symétriquement sur les parois latérales du corps, dans l'espace compris entre la cage des branchies et la nageoire latérale.

Ces masses s'étendent de la partie frontale de la tête jusque dans l'abdomen. La substance gélatineuse, comprise dans les cloisons prismatiques alvéolaires, forme environ 500 colonnes perpendiculaires à la surface du corps et composées chacune de 1 500 à 2 000 disques d'une substance transparente, homogène (lames électriques, tissu électrique de Robin), séparés par de petites couches d'un liquide albumineux : la disposition de ces disques rappelle celle d'une pile de Volta. Ces disques reçoivent par la face inférieure les terminaisons nerveuses et par la supérieure les vaisseaux. Il est probable que ces disques sont réunis en tension et les colonnes en quantité. Au moment de l'excitation l'organe se contracte, les piles de disques diminuent de longueur et leur section augmente. En même temps il se produit une différence de potentiel entre chaque lame électrique et le liquide voisin : la face du disque qui reçoit les nerfs devient négative et l'autre positive. Si on examine l'organe entier, le pôle négatif se trouve du côté du ventre et le pôle positif du côté du dos.

L'organe est en relation avec les centres nerveux par de gros nerfs qui sont au nombre de cinq chez la torpille et partent d'un point appelé lobe électrique. A l'état inactif, cet organe n'est le siège que de manifestations très faibles. Mais à l'état d'activité il produit de fortes décharges qui ont été très bien étudiées par Marey. Ces décharges ne sont pas uniques : elles se composent d'une série de flux d'autant moins nombreux que la torpille a fonctionné plus longtemps. Le nombre varie entre 10 et 160 par seconde. Le courant possède une grande tension et une quantité assez forte pour actionner un signal de Deprez et produire des phénomènes électrolytiques (décomposition de KI).

Les décharges peuvent être spontanées, mais elles peuvent être aussi provoquées par diverses excitations périphériques et, après la section d'un des nerfs électriques, on peut, par excitation du bout périphérique, déterminer des décharges à volonté; ce qui prouve que l'électricité est produite non dans les lobes électriques, mais dans l'appareil lui-même.

Comment est produite l'électricité? M. le Pr d'Arsonval, vu l'espèce de contraction qui se forme au niveau des disques pendant la décharge, attribue l'électricité à des phénomènes électro-capillaires provoqués par le changement de rapport qu'affectent les faces du disque avec le liquide qui les sépare. On sait que, d'après les expériences de Lippmann, lorsqu'un ménisque de mercure se trouve au contact d'une solution de chlorure de sodium, toute déformation du ménisque donne lieu à une différence de potentiel. Je ne crois pas, cependant, que ce soit là toute la cause de la production des phénomènes électrique s.

Si on a égard à la grande quantité d'énergie mise en jeu, il est probable que ce n'est pas seulement un phénomène purement physique qui donne lieu aux décharges. Il doit se produire à chaque excitation des phénomènes chimiques analogues à ceux dont le muscle est le siège: seulement l'énergie chimique mise en liberté se transforme en électricité au lieu de se transformer en mouvement. L'appareil électrique présente d'ailleurs de grandes analogies avec l'appareil musculaire.

En effet, d'après Ranvier, le disque électrique serait analogue au disque anisotrope du muscle strié, et la couche hyaline et aqueuse analogue au disque isotrope. Comme pour la contraction musculaire, la décharge n'est pas unique mais se compose d'une série de décharges se fusionnant en une seule. Enfin la strychnine développe sur l'organe électrique les mêmes phénomènes d'intoxication que sur l'organe musculaire, et il se produit un véritable tétanos électrique d'une certaine durée à la moindre excitation.

D'après M. d'Arsonval, la production d'électricité chez le poisson électrique ne serait qu'une exagération de l'oscillation négative du muscle.

Phénomènes lumineux. — La production de lumière par le protoplasma vivant est un fait encore assez fréquent, et il serait peut être considéré comme plus général si nos moyens d'investigation nous permettaient de déceler, comme pour l'électricité, la plus petite quantité de lumière émise. La photogénèse peut se rencontrer chez les végétaux, par exemple sur certains champignons (l'agaric de l'olivier, l'*agaricus lampas* d'Australie), et sur quelques bactéries (*photobacterium phosphoreum Pflugeri, Fischeri*), qui sont la cause de la phosphorescence de certaines viandes avariées. Chez les animaux il faut citer les *noctiluques* (protozoaires) qui rendent la mer par moment phosphorescente ; les polypiers, pennatules et méduses (cœlentérés) ; ta pholade dactyle, bien étudiée par R. Dubois, et le phyllirrhoë bucéphale (mollusques).

Mais c'est parmi les insectes que l'on rencontre les plus beaux exemples de production protoplasmique de lumière, en particulier chez le *lampyre* (ver luisant), de la famille des Malacodermes, et le *pyrophore noctiluque*, coléoptère de la famille des Élatérides vivant dans l'Amérique tropicale. Le pouvoir que ces insectes possèdent de produire de la lumière se manifeste déjà dans les œufs avant d'être pondus, et avant toute formation blastodermique ; elle est même très nette dans les œufs de femelle non fécondés (R. Dubois. Leçons de physiologie générale et comparée, p. 306).

Chez le lampyre, la petite larve possède au moment de l'éclosion deux petits organes lumineux, situés à la face ventrale du douzième anneau. Cette larve subit plusieurs mues et après chacune d'elles le tégument, qui reste pendant quelque temps transparent, émet dans l'obscurité complète une certaine quantité de lumière (Dubois). Au moment où la nymphe devient insecte parfait, le mâle se différencie à tous les points de vue de la femelle. Cette dernière conserve son aspect larvaire vermiforme et est dépourvue d'ailes. Les organes lumineux qu'elle possédait auparavant persistent, mais deux nouveaux organes lumineux beaucoup plus intenses apparaissent sur la face ventrale des dixième et onzième anneaux. Le mâle possède des ailes mais est peu brillant : il conserve seulement les deux taches lumineuses qu'il avait pendant sa période larvaire. Le *Pyrophorus noctilocus* est bien mieux doué comme émission de lumière. Les deux sexes sont également ailés et présentent le même aspect : le mâle est seulement plus petit. Cet insecte possède trois sources lumineuses : deux existent déjà à l'état de larve et sont situés sur le prothorax. L'autre se trouve placée à l'union du thorax et de l'abdomen, et n'est visible que lorsque l'insecte relève en haut la partie inférieure du corps : c'est de beaucoup l'organe le plus puissant.

La physiologie de ces organes a été d'abord étudiée par Jousset de Bellesme, et dans ces derniers temps son étude a acquis un haut degré de perfection grâce aux travaux de M. Raphaël Dubois (Leçons de physiologie gén. et com., 1898). Examinés au microscope ces organes paraissent constitués par des amas de grosses cellules disposées quelquefois en série (*Pyrophorus*) et à protoplasma granuleux. Les granulations seraient le siège des phénomènes lumineux : elles s'oxyderaient, en présence de l'eau et de l'oxygène et sous l'influence d'un ferment. Dubois a donné à ces granulations le nom de *luciférine* et au ferment celui de *luciférase*. Ce dernier est formé par une substance protéique instable possédant en grande partie les propriétés des diastases, et agissant en présence de l'oxygène et de l'eau.

Ces organes produisent de la lumière même lorsqu'ils sont séparés du corps et leur irritabilité est mise en jeu par les mêmes excitants que les nerfs et les muscles. Les excitations électriques sont celles qui réussissent le mieux et on peut par ce moyen produire de la lumière pendant plusieurs heures, même quand les phénomènes volontaires sont supprimés par la section de la tête. Chez l'animal vivant la production de lumière peut être considérable et il paraît que celle des Elaters est assez puissante pour éclairer la route du voyageur qui se trouve surpris par la nuit : elle permet même de lire des caractères d'imprimerie assez fins.

La production de lumière par les êtres vivants est remarquable en ce sens que toute l'énergie chimique résultant de la vie protoplasmique est transformée en lumière sans production concomitante notable de chaleur. En effet, la lumière dirigée sur une pile de Melloni en rapport avec un galvanomètre très sensible ne décèle qu'une très petite quantité de chaleur émise. Elle est de plus très peu actinique et impressionne faiblement la plaque photographique. Les vibrations doivent se tenir dans les environs de 0μ530 de longueur : c'est donc une lumière froide et peu photo-chimique ; il y a probablement peu d'énergie de perdue et toute la chaleur formée par les réactions chimiques doit se changer en énergie lumineuse (Dubois). Cette étude de la photogénèse animale nous démontre avec quelle perfection de moyens la nature arrive au but qu'elle se propose d'atteindre.

CHAPITRE VI

L'IRRITABILITÉ ET SES MANIFESTATIONS (*suite*)

PHÉNOMÈNES NERVEUX

On ne peut plus admettre aujourd'hui l'existence d'une force vitale, indépendante de l'arrangement des molécules et de leur fonctionnement, et on doit concevoir la matière organique comme obéissant d'une manière passive et nécessaire aux conditions qui l'entourent. De même que O plus H mis en présence d'une certaine quantité d'énergie (étincelle électrique) se combinent toujours et dans les mêmes proportions pour former de l'eau, de même le protoplasma, mis en présence d'un liquide nutritif convenable, exerce forcément toutes les fonctions qui lui incombent. Ce fait paraît hors de contestation pour certaines particules organiques organisées que nous avons étudiées sous le nom de ferments solubles. Ces derniers, situés pour ainsi dire aux confins de la vie, fonctionnent toujours de la même façon, même en dehors de l'organisme, et leur action peut être comparée, comme nous l'avons vu, à celle de l'hydrate ferrique, du bioxyde de manganèse et de l'acide vanadique.

Certains organes intracellulaires obéissent aussi d'une façon passive aux agents soit chimiques, soit physiques, qui viennent les impressionner. Ainsi la glycose pénétrant dans l'intérieur de la levure de bière sera toujours transformée en alcool et en acide carbonique, pourvu que la cellule fonctionne d'une manière anaérobie. La lumière venant frapper le glomérule chlorophyllien amènera une absorption de CO_2 avec un dégagement d'oxygène, et en même temps le plastidule prendra une coloration verte.

Enfin, des êtres unicellulaires entiers, comme tous les ferments figurés, tous les microbes pathogènes, agissent toujours de la même façon dans un milieu approprié. On peut même voir certains animaux, comme l'amibe, dont on ne peut contester la structure organique organisée, réagir passivement, dans la plupart de leurs fonctions (mouvement, digestion), aux agents extérieurs physiques ou chimiques venant au contact de leurs molécules.

La matière vivante ne nous apparaît pas toujours sous une forme aussi simple. Habituellement, plusieurs cellules viennent se réunir en groupes formant eux-mêmes, par différenciation, des groupes secondaires. Comme les fonctions de ces cellules différentes concourent vers un même but, la conservation de l'individu (nutrition) et de l'espèce (reproduction), une direction des phénomènes dits vitaux devient indispensable pour conserver intacte l'harmonie du fonctionnement : ce rôle est dévolu au système nerveux.

Il ne faudrait pas croire cependant que toute trace de direction est absente dans la vie des plastides simples. Chaque cellule remplit habituellement des fonctions plus ou moins variées, nécessitant une action directrice, et cette dernière serait dévolue au noyau qui agirait ainsi très probablement d'une manière analogue au système nerveux.

Nous étudierons donc dans ce chapitre :

1. L'action du noyau dans la cellule ;
2. L'action du système nerveux dans l'organisme.

Rôle du noyau. — En dehors de son rôle dans les phénomènes de développement et de reproduction, dont nous n'avons pas à nous occuper ici, le noyau paraît avoir une grande importance sur les phénomènes intimes de la nutrition cellulaire et sur les différentes fonctions exercées par le protoplasma.

Cette influence a été surtout démontrée par les expériences de *mérotomie.*

On peut sectionner expérimentalement certains organismes inférieurs (amibes, infusoires), de manière à former deux ou plusieurs fragments. Ces derniers, observés pendant un certain temps, se comportent différemment, suivant qu'ils contiennent le noyau, ou qu'une partie seule du protoplasma est en observation (B. Hofer, Verworn, Balbiani. Recherches expérimentales sur la mérotomie des infusoires ciliés. *Recueil zoologique Suisse*, t. V. Le Dantec, Matière vivante, p. 116). Lorsqu'un noyau ou fragment de noyau persiste, rien n'est changé dans les phénomènes qui caractérisent la vie : les mouvements continuent, la nutrition s'accomplit comme d'habitude. La cicatrisation des blessures se fait normalement, et Verworn a établi que, lorsqu'on sépare en plusieurs fragments certains rhizopodes, les fragments nucléés peuvent seuls régénérer la coquille sur la surface de section. De plus, l'animal peut complètement se reconstituer, même lorsqu'il a une organisation relativement assez compliquée. Ainsi Balbiani divise le stentor, qui possède un long noyau monoliforme, en trois fragments par deux divisions transversales, et le fragment médian, qui ne possède qu'une petite portion du noyau, suffit pour régénérer l'animal en entier.

Si, au contraire, le fragment est dépourvu de noyau, il paraît, pendant une première période, se mouvoir, absorber des aliments et même les digérer en partie ; mais tous ces phénomènes ne sont que transitoires. Sectionnons, par exemple, une partie importante du réseau protoplasmique d'une gromie. Cette partie détachée se contractera d'abord en masse (excitation par section), puis reprendra son aspect normal et reproduira exactement les mouvements qu'elle exécutait lorsqu'elle faisait encore partie de l'animal entier. Verworn a montré que ces masses manifestent les mêmes attractions ou répulsions (chimiotropisme, thermotropisme) que les plastides nucléés dont elles dérivent ; les corps étrangers qui arrivent à leur contact sont absorbés et subissent même un commencement de digestion. Mais tous ces phénomènes ne durent pas et la dégénération ne tarde pas à apparaître. Cependant, dans quelques espèces, la dégénération n'a lieu qu'au bout de plusieurs jours (paramécies).

Dans tous ces cas, la pseudo-survie est due, non au fonctionnement vital du protoplasma séparé du noyau, mais à l'usure des réserves qu'il contient encore. Le fragment non nucléé continue à produire du mouvement, ou esquisse un semblant de digestion : mais il n'y a plus d'assimilation possible et la matière organisée dégénère.

La nature des relations existant entre le noyau et le protoplasma est encore inconnue. Est-ce une action directrice analogue à celle exercée par le système nerveux, et les organes différenciés d'une cellule (noyau, leucites, vacuoles contractiles) seraient-ils reliés entre eux par un lien que nos moyens actuels d'investigation ne nous ont pas encore permis de mettre en lumière ? Le noyau agit-il sur le protoplasma d'une manière énergétique (*énergides* de Sachs) ou bien simplement en secrétant des substances indispensables au bon fonctionnement de la cellule, substances qui, après la *mérotomie*, seraient supprimées et produiraient par leur absence une modification nuisible du milieu ? On ne saurait encore se prononcer d'une manière définitive. Ce qu'il y a de certain, c'est que, sans la présence du noyau, les diverses fonctions exercées par le protoplasma ne peuvent plus se produire, dû moins d'une manière permanente. Il ne faudrait pas croire cependant que le noyau est tout dans la cellule : il forme avec le protoplasma un tout harmonique et, de même que ce dernier ne peut exister seul, de même le noyau ne peut pas vivre isolé. Nous avons vu plus haut qu'il n'existait pas dans la nature d'organismes formés seulement par un noyau ; une couche de protoplasma plus ou moins mince, plus ou moins complète, est toujours présente.

Influence du système nerveux. — L'influence du noyau est suffisante pour assurer le bon fonctionnement nutritif des protozoaires. Mais il n'en est plus de même lorsque plusieurs cellules à fonctions différenciées se trouvent réunies dans un même individu et doivent agir ensemble pour atteindre un même but. Le système nerveux apparaît alors et remplit dans l'organisme le rôle dévolu au noyau dans la cellule.

Il ne faut pas croire cependant que les éléments cellulaires des êtres même les plus compliqués en organisation soient tous soumis, du moins d'une manière directe, à l'influence nerveuse. Certains, à fonctions pourtant très importantes, vivent à l'état isolé dans le milieu intérieur et ont une irritabilité tout à fait indépendante. Parmi eux il faut citer :

1. *Les globules sanguins* qui, une fois formés, accomplissent leurs fonctions sans l'intervention du système nerveux. Nous avons vu qu'ils peuvent être assimilés à des diastases ; ils fixent en effet l'oxygène extérieur sur leur hémoglobine et le transportent dans les tissus sans rien perdre de leur substance. Ils exécutent toujours leurs fonctions du moment où le milieu est normal et le système nerveux n'a aucune prise sur eux. D'ailleurs, l'oxygénation du sang peut se faire en dehors de l'économie (circulations artificielles).

2. *Les globules blancs*, qui ont une importance si grande et dont le rôle dans la défense de l'organisme a été si bien mis en relief par M. Metschnikoff. Ces cellules sont absolument semblables à des amibes circulant dans les interstices de nos tissus : on pourrait presque les appeler *des microbes physiologiques*.

3. *Les spermatozoïdes* qui, une fois développés, vivent comme des cellules isolées et vont même exécuter les fonctions qui les caractérisent en dehors de l'individu qui les a produits.

4. D'ailleurs, tout à fait au début du développement, tous les tissus se développent sans que le système nerveux, qui n'est pas encore formé, puisse intervenir d'une manière quelconque. Quelques-uns peuvent même exécuter leurs fonctions sans son influence, comme par exemple le cœur de l'embryon du poulet qui bat avant que le système nerveux ait atteint ses cellules : il en est de même du tissu musculaire de la pointe du cœur de la grenouille, qui est presque totalement privé de nerfs.

5. Au début de son apparition dans l'échelle animale, le système nerveux n'affecte de connexion qu'avec certaines cellules, les cellules musculaires, et le plus grand nombre est simplement soumis à l'influence du noyau.

6. Enfin tous les tissus possèdent une irritabilité propre qui ne leur vient pas du système nerveux ; ainsi le muscle est encore irritable, non seulement lorsqu'il est séparé des centres nerveux par la section des nerfs, mais encore lorsque le curare a détruit ses connexions avec les plaques motrices.

A quelle période de l'évolution animale apparaît le système nerveux ?

Lorsque l'on descend graduellement l'échelle de l'organisation animale, on voit les appareils se simplifier et devenir de plus en plus rudimentaires. Au bas de l'échelle ils paraissent tous se confondre et, chez les protozoaires, comme l'amibe, l'animal est représenté par une substance à peu près homogène où toutes les fonctions se sont en quelque sorte synthétisées.

Le système nerveux suit cette marche descendante et nos moyens d'investigation n'ont pas pu en trouver de traces chez les protozoaires. On a bien remarqué chez certains infusoires l'existence d'un organe visuel et on avait été porté à penser que, s'il existait un organe des sens, il devait y avoir un système nerveux. Mais, comme le fait remarquer M. Beaunis (Évolution du système nerveux, 1890, p. 32), il y avait là une erreur d'interprétation. Il faut en effet distinguer dans l'organe visuel véritable l'appareil nerveux et l'appareil dioptrique ; l'organe oculaire des infusoires ne contient que cette dernière partie, constituée par une simple lentille destinée à concentrer les rayons sur un point limité du protoplasma.

Vignal a décrit chez les noctiluques un filament allant du plasma central du corps de l'animal à la base du flagellum qui lui sert d'organe de locomotion : ce dernier paraît formé de fibres musculaires striées. Après l'empoisonnement par le curare, le flagellum resterait excitable par l'électricité, mais la volonté serait sans influence sur lui ; Vignal assimile ce petit filament à un nerf. Cette observation est contredite par Robin et Cadiat (Beaunis, *loc. cit.*, p. 28). Il faut citer aussi le stylonichia mytilus qui possède, de chaque côté de la bouche et sur la face inférieure du corps, des cils séparés paraissant jouir de mouvements indépendants et même volontaires. Engelmann aurait même vu partir de ces cils des filaments se dirigeant vers la ligne médiane inférieure du corps et il les compare à des nerfs ; ces observations ne sont pas encore concluantes.

Dans certains cas le protoplasma non différencié paraît remplir des fonctions analogues à celles du système nerveux. Les observations de mérotomie pratiquées par Grüber sur le stentor témoigneraient dans ce sens. Si on divise en effet l'animal en deux, en ayant soin de laisser les deux segments réunis par un pont de protoplasma, on voit chaque partie reformer l'animal entier ; mais, tant que la communication persiste, les deux moitiés présentent une synergie complète dans les mouvements qu'elles exécutent. Chaque stentor ne devient indépendant qu'après la section.

Les communications protoplasmiques observées chez le stentor peuvent être rapprochées de celles qu'on observe dans les cellules de beaucoup de plantes et de quelques animaux. On voit chez les plantes de fins filaments protoplasmiques percer les membranes et se continuer avec ceux des cellules limitrophes. On peut même presque dire que ces communications interprotoplasmiques sont normales dans le règne végétal. Chez les animaux, Ranvier les a signalées dans les cellules épithéliales de la couche de Malpighi, Cornil et Nuel dans les cellules endothéliales de la cornée, Carlier dans l'intestin et l'estomac des vertébrés. Sedgwick les a trouvés chez le Péripate du Cap, sorte de myriapode très primitif, ainsi que chez quelques poissons et oiseaux. D'après lui, ces communications existeraient non seulement chez les adultes, mais aussi tout à fait au début du développement, et les cellules qui naissent de la segmentation de l'œuf ne se sépareraient pas complètement (Delage. Structure du protoplasma et hérédité, p. 31).

Le système nerveux commence seulement à apparaître chez les métazoaires et il s'élève peu à peu et par degré, depuis les invertébrés inférieurs jusqu'aux vertébrés supérieurs.

On peut, avec Beaunis, distinguer 4 types :

1° *Le type disséminé*, que l'on observe chez les cœlentérés fixes (polypes, hydres). Il existe chez ces animaux un réseau situé sous l'ectoderme. Les cellules qui le forment émettent des prolongements qui se mettent en rapport d'une part avec les prolongements des cellules sensitives de l'épiderme, de l'autre avec les cellules myoépithéliales. Ici le système nerveux est disséminé et on ne peut pas déceler de centres.

2° *Le type radié*. La concentration commence à se montrer chez les méduses acraspèdes. On trouve chez elles autant de centres nerveux qu'il y a de rayons, c'est-à-dire huit. Ces centres correspondent aux corpuscules marginaux du bord de l'ombrelle, qui représentent de véritables organes sensitifs (vésicules auditives ou otocystes, et organes oculaires ou ocelles). C'est l'ébauche du type radié qui acquiert une plus grande importance chez les échinodermes, l'oursin par exemple. On trouve alors un anneau nerveux entourant le pharynx et donnant naissance à des tubes nerveux en nombre égal à celui des rayons.

3° *Le type bilatéral ventral* apparaît chez les vers et remplace le type radié. On voit apparaître une ébauche du cerveau qui reste sur le côté dorsal.

4° *Le type médian dorsal*, qui caractérise surtout les vertébrés.

Comment le système nerveux agit-il sur l'irritabilité ?

Une première question doit se poser tout d'abord.

Y a-t-il continuité du système nerveux avec l'organe dans lequel il se termine, ou bien y a-t-il simple contiguïté ? Quelques mots sur les recherches nouvelles exécutées sur le système nerveux serviront de réponse.

La structure des éléments nerveux a fait, dans ces temps derniers, des progrès considérables, dus surtout à l'emploi des méthodes de Golgi au chromate d'argent et d'Ehrlich au bleu de méthylène. Parmi les auteurs qui ont ainsi étudié cette question il convient de citer encore les noms de Ramon y Cajal, Kölliker, Van Gehuchten, Azoulay, etc.

On croyait autrefois que les prolongements des cellules nerveuses centrales s'anastomosaient entre eux et formaient un réseau appelé réseau de Gerlach. Mais cette conception doit être abandonnée. Le riche chevelu formé par les ramifications des prolongements des cellules nerveuses n'affecte avec les ramifications d'une cellule voisine qu'un simple rapport de contiguïté.

On a donné le nom de *neurone* à la cellule munie de tous ses prolongements et on distingue deux sortes de neurones : le moteur et le sensitif.

Le neurone moteur (M. Duval. Précis d'histologie comprend d'abord une cellule sans enveloppe, avec un noyau sphérique et un ou plusieurs nucléoles. Le corps protoplasmique, qui présente des différenciations nettement accusées, prend autour du noyau l'aspect granulé; dans la zone intermédiaire il devient strié concentriquement au noyau.

La zone externe est fibrillaire et se prolonge dans les ramifications émises par la cellule. Ces dernières sont de deux ordres. Les unes, au nombre de 5 ou 6, naissent par une base large, conique, se ramifient en formant un chevelu très épais et paraissent de nature fibrillaire. Généralement, du côté opposé on voit se former un autre prolongement ayant aussi le même aspect fibrillaire, mais qui, au lieu de présenter à son origine une base large allant ensuite en s'effilant, naît au contraire brusquement, reste toujours cylindrique et ne fournit aucune branche: on lui a donné le nom de *cylindre-axe*. Il paraît nu à son origine, mais il s'entoure bientôt d'une gaine de protoplasma formée par la juxtaposition de cellules spéciales décrites par Vignal. Chacune de ces cellules vient s'appliquer sur le nerf, s'allonge et en même temps recouvre une partie de plus en plus grande de sa circonférence : petit à petit, elle finit par l'embrasser en entier et paraît perforée par lui. Elle se remplit bientôt de myéline de la même façon que la cellule adipeuse se remplit de graisse.

D'abord sans enveloppe, elle ne tarde pas à sécréter à sa partie externe une membrane qui forme, en s'unissant à celles sécrétées sur les cellules voisines, une gaine continue appelée *membrane de Schwann*.

Le cylindre-axe peut avoir une grande longueur et aller par exemple d'une corne antérieure à l'extrémité d'un membre. L'extrémité périphérique se termine de la façon suivante. La gaine de Henle, ou gaine conjonctive qui entoure le nerf et est distincte de la membrane de Schwann, s'élargit et se confond en quelque sorte avec le myolemme. Le cylindre-axe perd sa myéline en traversant le myolemme et, muni de sa membrane de Schwann, se divise et se subdivise sous le sarcolemme, dans l'épaisseur d'un amas de substance granuleuse que l'on a appelé *plaque motrice*. Cette substance granuleuse doit être considérée comme un amas local de protoplasma musculaire non différencié en fibres : il possède des noyaux musculaires.

Le cylindre-axe reste toujours accompagné par la gaine de Schwann qui se poursuit sur toutes ses ramifications. On n'a pas pu cependant distinguer si elle se prolonge jusque sur les extrémités mêmes.

Les arborisations restent toujours situées dans l'intérieur de la plaque motrice et ne la dépassent pas. Le cylindre-axe paraît se terminer par des extrémités libres qui ne se confondent pas avec le tissu musculaire proprement dit.

Cette terminaison a été décrite par Rouget en 1862 chez le lézard. On a décrit depuis d'autres sortes de terminaisons nerveuses, mais elles ne varient que par une différence dans la quantité de substance granuleuse formant la plaque.

Si cette substance granuleuse est très faible, on aura le buisson de Kühne (grenouille) ; si au contraire elle est très abondante, on aura l'éminence de Doyère (tardigrades) (Ranvier. Leçons sur l'histologie du S. N, t. II).

A côté du neurone moteur, on peut décrire le *neurone glandulaire* ; le cylindre-axe, au lieu de se terminer dans un muscle se termine dans une glande. On voit dans ce cas de nombreuses ramifications du cylindre-axe ramper à la surface des culs-de-sac glandulaires, en dehors de la membrane basale. De celle-ci partent des fibrilles qui perforent cette membrane et vont se mettre en contact avec les cellules glandulaires : elles restent seulement à la surface de la cellule et ne pénètrent pas dans l'intérieur. Ici, comme pour le muscle, il n'y a qu'un rapport de contiguïté (Duval, p. 882).

Le neurone sensitif a une composition analogue, mais la cellule, au lieu d'être située dans la moelle, se trouve placée dans le ganglion de la racine postérieure. Il existe seulement deux prolongements affectant souvent une disposition en T. Un des prolongements va vers la périphérie, au niveau des terminaisons sensitives ; l'autre va vers la moelle.

Le prolongement périphérique est centripète par rapport à la cellule et est l'analogue des prolongements protoplasmiques de la cellule motrice. Il se termine en affectant des dispositions très variées et en rapport avec les organes de sensibilité, mais ses extrémités restent toujours libres.

Le prolongement médullaire est centrifuge par rapport au ganglion et doit être considéré comme l'analogue du cylindre-axe du nerf moteur. Il se ramifie un grand nombre de fois au niveau des arborisations parties des cellules motrices et forme avec elles le réseau de Gerlach. Cette terminaison sensitive intra-médullaire peut être comparée au buisson terminal de Kühne.

Cette description histologique résumée était nécessaire pour arriver à comprendre le mécanisme de l'action du système nerveux sur la matière organisée : elle démontre que la cellule nerveuse paraît complètement indépendante et n'affecte avec les tissus que des rapports de contiguïté.

Dans tout ce qui suit nous nous occuperons seulement de l'irritabilité dite inconsciente et nous laisserons de côté les phénomènes dits psychiques que je me propose d'étudier plus tard dans un nouvel opuscule.

2. Quel est le lien qui relie l'influx nerveux à la vie cellulaire ? — Il faut considérer dans toute cellule différenciée : 1° une vie commune à toutes les cellules : c'est la vie nutritive qui maintient intacte la composition des parties nobles de la cellule (noyau, protoplasma et plastidules) ; 2° une vie fonctionnelle en rapport avec la mise en jeu des propriétés de la partie différenciée de la cellule : la substance fibrillaire du muscle par exemple.

Le système nerveux n'intervient pas d'une manière directe dans la vie nutritive de la cellule : le muscle, pour maintenir intact son protoplasma, ses noyaux et sa substance différenciée, n'a besoin que d'un milieu extérieur normal et ses plastidules myogènes forment la matière glycogène en dehors de son influence.

Le système nerveux n'entre en jeu que pour présider à la l'utilisation des réserves accumulées pendant le fonctionnement réellement vital de la cellule. C'est là l'opinion bien nettement exprimée par Claude Bernard et qui me paraît, jusqu'ici, la seule acceptable.

Claude Bernard considère dans l'être vivant deux ordres de phénomènes : « 1° les phénomènes de création vitale ou de « synthèse organique; 2° les phénomènes de mort ou de des- « truction organique. Le premier de ces deux ordres de phéno- « mènes est seul sans analogues directs ; il est particulier, spé-

« cial à l'être vivant : cette synthèse évolutrice est ce qu'il y a de
« véritablement vital. Je rappellerai à ce sujet la formule que
« j'ai exprimée dès longtemps : *la vie c'est la création*. Le second,
« au contraire, la destruction vitale, est d'ordre physico-chimique,
« le plus souvent le résultat d'une combustion, d'une fermenta-
« tion, d'une putréfaction, d'une action, en un mot, comparable
« à un grand nombre de faits chimiques de décomposition ou
« de dédoublement. Tandis que la synthèse organisatrice reste
« intérieure, silencieuse, les phénomènes de destruction, au con-
« traire, sont ceux qui sautent aux yeux : contraction, sécrétion,
« etc. » (Leçons sur les phénomènes de la vie, p. 39 à 41).

Mais si le système nerveux n'agit pas sur la nutrition d'une
manière directe, il agit indirectement par la production des
phénomènes vaso-moteurs qu'il commande et qui font varier
non seulement la quantité de liquide nourricier dans lequel
baigne chaque élément (milieu intérieur), mais aussi sa composition (modification des circulations locales augmentant ou
diminuant certaines sécrétions et agissant ainsi sur la composition totale du sang) (1).

**3. De quelle manière le système nerveux agit-il sur la fonction,
et quelles sont les lois qui règlent les manifestations des diverses
irritabilités qui lui sont soumises ?** — *a*) L'excitation de la fonction est rarement directe : la cause qui provoque, soit la contraction, soit la sécrétion, agit habituellement *par réflexe*. Nous avons
vu que le système nerveux était formé par des cellules plus ou
moins ramifiées appelées neurones, qui sont les unes centrifuges,
et en rapport surtout avec les muscles et les glandes, les autres
centripètes, encore appelées sensitives. Ces derniers mettent les
neurones centrifuges en communication avec le monde extérieur
par un acte de réflexion ayant probablement pour centre l'arti-
culation des deux neurones et non leur noyau comme on l'avait
cru jusqu'ici. Le premier terme du réflexe consiste dans une

---

(1) On a signalé l'existence de *nerfs dits trophiques* qui agiraient
sur la nutrition des tissus de la même manière que les nerfs sécréteurs
influencent l'activité glandulaire. Ce sont eux qui expliqueraient tous les
troubles trophiques observés soit dans les maladies de la moelle, soit
dans les diverses altérations des nerfs surtout sensitifs : les nerfs trophiques agiraient en même temps que les vaso-moteurs. Leur existence
n'est pas cependant encore démontrée. (François-Franck, art. *Nerfs* du
dict. Dechambre).

excitation venant impressionner la terminaison périphérique d'un neurone sensitif. Cette excitation peut être purement énergétique (ouïe, vue, toucher) ou chimique (goût, odorat).

Dans tous ces cas il y a une modification de cette extrémité qui retentit jusqu'à l'extrémité centrale en rapport avec l'extrémité analogue du neurone centrifuge. Pendant ce trajet, le corps du neurone doit jouer un rôle : son noyau doit recevoir l'impulsion et la transmettre, avec ou sans modifications, aux prolongements protoplasmiques médullaires. Arrivé à ce niveau nous savons que le courant nerveux ne passe pas directement dans les ramifications du neurone moteur : non seulement il n'y a pas continuité, mais certains auteurs, M. Duval par exemple, pensent que la contiguïté est plus ou moins parfaite, par suite d'une sorte d'amœboïsme des prolongements constituant l'extrémité des deux neurones. Ainsi seraient expliqués le sommeil, l'inhibition, les anesthésies et les paralysies hystériques.

La façon dont le neurone sensitif impressionne le neurone moteur peut être expliquée de plusieurs façons. On peut penser à une action énergétique produite soit par un dégagement de chaleur ou d'électricité, soit, peut-être, par une transformation encore inconnue de l'énergie. Ce qui permettrait de le croire, c'est la similitude entre les effets produits par une irritation mécanique, calorique, électrique des nerfs, et ceux provoqués par une excitation partie de la périphérie et réfléchie dans les centres médullaires.

On peut aussi penser à une modification chimique des substances intercalées entre les deux neurones, par suite d'une action du neurone sensitif modifiant le milieu et partant modifiant aussi les phénomènes d'affinité dont la partie adjacente du neurone moteur est le siège.

Le courant nerveux produit parcourt tout le neurone centrifuge, en passant probablement aussi par le noyau, et va impressionner le muscle. Les phénomènes se passant à ce niveau doivent être de même nature que ceux déjà étudiés plus haut : il n'y a pas continuité de substance, mais simplement contiguïté.

On croyait autrefois que la continuité pouvait s'observer chez certains organismes inférieurs, l'hydre d'eau douce par exemple. On remarque en effet chez cet animal certaines cellules épithéliales présentant à leur base des prolongements plus ou moins nombreux, allant se disposer parallèlement au plan de la surface du corps et formant une couche très nette. Kleinenberg avait donné à ces éléments le nom de cellules *neuro-musculaires* et croyait que le corps des cellules renfermait un noyau et jouait le rôle de système nerveux. Mais Rouget a démontré depuis qu'il n'en était rien ; il a découvert d'autres cellules épithéliales qui émettent de très fines fibrilles nerveuses et vont se terminer dans la couche musculaire : il a donné à ces cellules le nom de *neuro-épithéliales*. Les premières doivent plutôt s'appeler *myo-épithéliales* (Duval, p. 324).

b) Étant donnée l'intégrité de l'organe excité, la valeur de ce réflexe variera avec l'excitant, l'appareil sensible périphérique et les centres.

Toutes choses égales d'ailleurs, l'excitation *agira d'autant plus qu'elle sera plus forte.* À partir d'un certain moment, appelé par M. Richet le *seuil de l'excitation,* elle croît, non en raison directe de l'augmentation de force de l'excitant, mais d'une manière beaucoup plus rapide. Il suffit quelquefois de doubler seulement la quantité d'un courant électrique, pour avoir une excitation dix fois plus forte. C'est ce qui explique pourquoi on a pu dire que la dose thérapeutique d'un médicament est très près de sa dose toxique (digitaline).

Il n'est pas toujours nécessaire d'atteindre d'emblée la force nécessaire pour amener la réaction : un excitant d'une intensité insuffisante, mais fréquemment appliqué, agit de la même façon (addition latente de Richet). Ainsi une dose de dix centigrammes de feuilles de digitale répétée pendant 10 jours produira sur le cœur les mêmes effets qu'une dose de 50 centigrammes pendant deux ou trois jours.

La réaction est *d'autant plus forte que l'excitation est plus rapide.* On peut faire passer graduellement un courant galvanique même intense dans un nerf sans amener la contraction du muscle, alors qu'un courant bien moins fort, mais appliqué brusquement, produit une secousse très nette. C'est pour cela aussi qu'à dose égale d'énergie mise en action, le courant faradique, qui est surtout un courant de tension, agit mieux qu'un courant galvanique qui est plutôt un courant de quantité. Il ne faut pas cependant que l'excitation soit trop rapide, car si la vitesse dépasse 1 millième de seconde aucun effet n'est observé.

Le réflexe pour une excitation donnée sera d'autant plus intense que les organes périphériques seront eux-mêmes plus irritables (derme dénudé ou enflammé).

Enfin les centres, soit médullaires, soit cérébraux, ont une grande influence sur la manifestation du réflexe, qui sera d'autant plus importante qu'ils auront une excitabilité plus grande. Ainsi un excitant minime, incapable de faire contracter les muscles d'une grenouille, agira très bien si l'animal est strychnisé ou bien si le pouvoir réflexe de la moelle est augmenté par la décapitation. Cette excitabilité plus grande des centres peut très bien tenir à un rapprochement plus intime des extrémités contiguës de deux neurones voisins.

c) Le résultat de l'excitation n'est pas toujours en rapport avec la force vive employée à la provoquer : il n'y a pas transformation directe de l'énergie excitative en excitation. Ainsi Matteucci a mesuré la quantité d'énergie électrique contenue dans un courant minimum capable de faire contracter un muscle et le travail mécanique produit, et il a trouvé que ce dernier est égal à 30 000 fois le travail dépensé pour produire l'excitation du nerf. L'action nerveuse joue ici le rôle d'une petite étincelle tombant sur une masse de matière inflammable (Gavarret. Les phénomènes physiques de la vie, p. 255).

d) Le mouvement présente habituellement une durée plus longue que l'excitation. En effet, aussitôt que l'impulsion est donnée, il se fait, après une période d'excitation latente qui varie de 1 à 5 centièmes de seconde, suivant le muscle excité, une usure des réserves accumulées, et cette usure est d'autant plus forte que l'excitation est plus énergique. La réaction est toujours beaucoup plus longue sur les muscles lisses que sur les muscles striés. Elle peut être très longue dans certaines altérations musculaires (*réaction myotonique* dans la *maladie de Thomsen*).

e) Quel que soit l'excitant, le résultat de l'excitation est toujours le même pour un même nerf, non seulement moteur, ce qui semble tout naturel, mais aussi de sensibilité spéciale : c'est là *la loi des énergies spécifiques de Müller*; un excitant mécanique (choc) ou électrique produit sur le nerf optique la même sensation lumineuse que la lumière. Müller croyait que cette propriété résidait dans le nerf lui-même, mais cette opinion ne peut être admise. Le nerf n'est qu'un agent de transmission et ne peut produire qu'un effet en rapport avec la terminaison du neurone. Si c'est un neurone moteur, glandulaire ou électrique, toute excitation du nerf ne pourra pas produire autre chose qu'un mouvement, une sécrétion, une décharge électrique. Si c'est un neurone sensitif, la terminaison n'est plus à la périphérie, mais bien dans les centres, et c'est là, et non dans les organes sensitifs, que se produira la sensation. Les organes des sens sont simplement nécessaires pour percevoir avec plus de perfection certaines énergies (son, lumière) qui sans cela resteraient inconnues pour nous : en effet, la lumière, venant impressionner le nerf optique dans son trajet, ne produit aucune sensation de lumière.

f) Si les excitations sont trop fortes ou trop souvent répétées il se produit des phénomènes de *fatigue.* Cette dernière n'a pas pour siège le nerf lui-même, car on peut exciter très longtemps un nerf dont on a interrompu la conductibilité physiologique par la cocaïne (François Franck), sans détruire ses propriétés : aussitôt l'effet du poison supprimé, le nerf manifeste de nouveau toute son irritabilité. La fatigue a pour siège ou bien les cellules des centres (médullaires ou cérébraux) ou bien l'élément irrité lui-même. Dans le muscle, par exemple, la fatigue peut avoir lieu soit par usure des réserves, soit par accumulation des produits résultant du fonctionnement musculaire (acide lactique).

g) L'irritation du système nerveux n'a pas toujours pour résultat l'irritabilité des organes qui lui sont soumis ; il peut y avoir *inhibition.* Ce fait se passe lorsque l'on excite directement certains nerfs : arrêt du cœur par l'irritation du pneumogastrique, phénomènes vaso-dilatateurs directs produits par la corde du tympan (inhibition des vaso-constricteurs) sur les vaisseaux de la glande sous-maxillaire.

A l'état physiologique normal, l'inhibition est presque toujours d'origine réflexe ; c'est par l'intermédiaire du bulbe que les excitations sensitives du laryngé supérieur agissent sur le pneumogastrique pour produire l'arrêt ou le ralentissement du cœur. C'est par l'intermédiaire des nerfs sensitifs linguaux que l'effet dilatateur de la corde du tympan est provoqué d'une manière réflexe.

Les centres supérieurs exercent aussi sur l'activité réflexe bulbo-médullaire une influence marquée. Si l'on prend deux grenouilles semblables comme réactions sensitives, et que l'on décapite l'une d'elles, on voit chez cette dernière les réflexes prendre une intensité beaucoup plus grande.

Certaines parties du cerveau ont à ce point de vue une prépondérance plus grande. Setschenow a démontré sur la grenouille la présence d'un centre inhibitoire placé dans les lobes optiques en faisant l'expérience suivante. Après avoir enlevé le cerveau d'une grenouille, il suspend les membres inférieurs de l'animal ainsi privé de mouvements volontaires dans un vase rempli d'eau acidulée. Au bout d'un certain temps, les pattes se rétractent et tendent à sortir du liquide. Le temps employé pour que le réflexe s'accomplisse est beaucoup plus long si on produit au même moment l'excitation des lobes optiques (Viault et Joliet, p. 731).

La volonté seule peut parvenir à inhiber certains réflexes ou à les ralentir considérablement. L'habitude a ici une grande influence (réflexes sphinctériens). De nombreux phénomènes d'inhibition se passent dans le domaine de l'irritabilité consciente et ont en physiologie psychologique une importance considérable.

Comment se produit l'inhibition? Il faut d'abord faire remarquer que le nerf qui inhibe n'agit pas directement sur l'organe même mais bien sur le centre qui commande son irritabilité. Ainsi le pneumogastrique n'impressionne pas la fibre cardiaque elle-même, mais les ganglions nerveux situés dans l'intérieur du cœur; la corde du tympan n'exerce pas son action sur la glande sous-maxillaire, mais bien sur le ganglion sous-maxillaire.

Le mécanisme intime de l'inhibition n'est pas très bien connu. Claude Bernard avait pensé à une sorte d'interférence nerveuse. Il faut plutôt croire, soit à une rétraction des ramifications contiguës de la partie centrale des neurones, soit à une action paralysante (d'origine énergétique ou chimique) produite par le neurone sensitif sur le moteur.

4° Quel est le rôle du système nerveux ? — Outre le rôle de direction qui a été étudié plus haut, la présence du système nerveux dans l'organisation animale a une autre conséquence non moins importante, qui consiste à isoler les diverses irritabilités du monde extérieur.

Nous avons vu que la matière vivante ne manifeste jamais d'une manière spontanée les propriétés qui la caractérisent: elle y est toujours poussée par une modification du milieu qui l'entoure. Sur les organismes inférieurs cette action est directe: ainsi, l'amibe subit directement l'influence des corps qui l'entourent et ce sont ces derniers qui commandent en quelque sorte les manifestations de son irritabilité protoplasmique (mouvements, digestion).

Il n'en est pas de même chez les organismes possédant un système nerveux. Le fonctionnement des diverses irritabilités n'est jamais direct ; entre l'excitant et la fonction existe un intermédiaire formé par le système nerveux. Chez les êtres les plus élevés en organisation, non seulement les fonctions s'isolent de plus en plus et n'obéissent que médiatement aux influences extérieures, mais encore certaines d'entre elles peuvent dans quelques cas s'exercer d'une façon complètement indépendante des sensations venues de la périphérie ; elles obéissent alors à des ordres partis des centres nerveux supérieurs et paraissant émaner d'une certaine volonté indépendante.

Pour nous résumer, nous pouvons dire que plus on avance dans l'étude de l'organisation de la matière vivante et plus on s'aperçoit que l'autonomie des diverses irritabilités locales disparaît, pour faire place aux manifestations de l'irritabilité nerveuse. Ces dernières sont nécessairement différentes suivant les organes dont l'irritabilité propre est mise en jeu.

L'action du système nerveux peut être de deux sortes.

1. Il y a d'abord une action tout à fait directe sur certains éléments, surtout les muscles et les glandes ; l'irritation peut se produire au moyen du nerf centrifuge, mais elle se fait ordinairement par le nerf centripète au moyen d'un réflexe (les nerfs centrifuges par rapport à la moelle peuvent devenir centripètes au point de vue du réflexe, s'ils vont impressionner un centre nerveux périphérique (pneumogastrique et ganglions du cœur).

2. Le système nerveux agit en outre d'une façon indirecte, non seulement sur les irritabilités précédentes, mais aussi sur toutes les autres, y compris l'irritabilité nutritive, par les actions vaso-motrices qu'il provoque et dont nous avons déjà parlé plus haut. On peut même dire que son irritabilité propre ne fait pas exception à la règle. La question des nerfs trophiques doit être réservée.

Le système nerveux doit donc être considéré comme le *primum movens* car, soit directement, soit indirectement, toutes les irritabilités lui sont soumises.

CHAPITRE VII

L'être vivant a été longtemps considéré comme doué de propriétés tout à fait spéciales et sans analogie avec celles que manifestent les corps étudiés dans le règne minéral. Les acquisitions scientifiques de la seconde moitié de ce siècle ne permettent plus de s'arrêter à cette conception et la matière vivante doit être rattachée d'une manière directe au reste de l'univers. Depuis le minéral le plus simple jusqu'à l'animal le plus compliqué en organisation, tout n'est qu'assemblage, dans des proportions variées, des différents corps simples connus, et les phénomènes qu'ils présentent sont tous de même ordre et obéissent aux mêmes lois.

Que se passe-t-il lorsque deux corps de composition variée sont mis en présence? Si les conditions ne sont pas favorables, on n'observe la production d'aucun phénomène. Il n'en est pas de même lorsqu'on les place dans certaines conditions bien déterminées pour chaque genre de réaction : on les voit alors s'unir dans des proportions différentes et former de nouveaux corps ne ressemblant, ni comme forme, ni comme propriétés, aux éléments qui ont servi à leur formation. On a donné le nom d'*affinité* à la force présumée qui préside aux diverses combinaisons des corps entre eux : elle est toujours fonction, non seulement de la nature des substances en présence, mais aussi de la *quantité* et de la *qualité* de l'énergie dont elles sont chargées. Les corps n'existent en effet et ne changent de nature que par suite d'une modification de leur énergie actuelle. Si l'énergie disparaissait de l'univers, tous les corps composés cesseraient d'exister et dans chaque corps simple l'état moléculaire lui-même ne pourrait pas persister. Il ne resterait plus que des atomes immobiles et formant un immense chaos d'une inertie absolue. C'est grâce à la présence de l'énergie et de ses manifestations qualitatives et quantitatives, que l'immensité de l'espace s'anime et que chaque atome paraît doué d'une vie propre. Plus les corps sont chargés d'énergie et plus ils deviennent susceptibles de former entre eux de nouvelles combinaisons. Au moment où la réaction se produit, ils restituent une partie de l'énergie dont ils étaient chargés, et à laquelle on a donné le nom de *chaleur latente*. Cette restitution a lieu le plus souvent sous forme de chaleur réelle, mais elle peut aussi se faire sous forme d'électricité (pile), de lumière, etc.

L'affinité varie encore suivant la pression à laquelle les corps sont soumis et l'état physique (solide, liquide, gazeux) dans lequel ils se trouvent. En général, les corps doivent se trouver à l'état liquide ou dissous.

Les corps ainsi formés sont répandus dans la nature en quantité innombrable et on peut les diviser en trois grandes classes :

1° Les corps inorganiques ;

2° Les corps organiques ;

3° Les corps organisés, qui comprennent les végétaux et les animaux.

Y a-t-il une différence essentielle dans la nature de tous ces corps ? On ne saurait en trouver entre les corps inorganiques et les corps organiques, quelque grande que soit l'apparence morphologique qui les sépare. Ce que l'on décrit sous le nom de chimie organique consiste tout simplement dans l'étude plus approfondie des combinaisons du carbone avec l'H, l'O et l'Az.

Les corps inorganiques ont en général une structure assez simple et le nombre des combinaisons qu'ils forment est limité : on peut les prévoir et les réaliser à peu près toutes. Il n'en est pas de même des corps organiques : leur structure est le plus souvent très compliquée, par suite des nombreuses affinités du carbone tétra-atomique et surtout de la propriété que possède ce corps de s'unir à lui-même pour entrer, avec des propriétés nouvelles, dans de nouvelles combinaisons. Les corps ainsi formés sont très nombreux : leur poids moléculaire est souvent très élevé, et les fonctions qui les caractérisent croissent proportionnellement au nombre des atomes qu'ils renferment. Ces fonctions, parfois très complexes, sont intimement liées à la présence dans la molécule de certains groupes moléculaires secondaires présentant une spécificité très nette. On leur a donné le nom de *radicaux* et M. Gautier les considère comme les *organismes élémentaires* de cet organisme complexe que l'on nomme la molécule.

Ces radicaux peuvent même imprimer quelquefois aux corps

qui les renferment des propriétés contraires. Prenons par
exemple la leucine $C^5 H^{10} \begin{cases} Az\,H^2 \\ . \\ CO^2\,H \end{cases}$. Cette substance présente deux
fonctions opposées : elle est alcaline par le groupe amidogène
$Az\,H^2$ et acide par le groupe carbonyle $CO^2\,H$. Ces deux groupes
existent sans se contrarier dans la même molécule, qui peut
s'unir d'un côté aux acides, de l'autre aux bases, pour former des
sels différents. La leucine, mise dans des milieux variés, réagira
donc d'après son organisation chimique et d'une manière qui
sera en rapport avec la composition des corps en présence. Elle
peut être comparée à la levure de bière qui, elle aussi, réagit
différemment, d'abord suivant la partie de la cellule qui est mise
en action (sécrétion d'invertine ou de zymase), ensuite suivant
le milieu (fonctionnement aérobie ou anaérobie) dans lequel elle
vit.

Les propriétés de la matière brute dépendent si bien de ces
groupements moléculaires, que certains corps, tout en ayant le
même nombre d'atomes et une quantité relative égale de chacun
d'eux, ont cependant des propriétés différentes : on donne à ces
corps le nom d'*isomères*. Ainsi, par exemple, le bromure d'éthy-
lène et le bromure d'aldéhylène sont des isomères de structure ;
tous deux ont pour formule brute $C^2 H^4 Br^2$, mais leur formule
exacte est :

$$CH^2 - CH^2 \qquad\qquad\qquad = Br^2$$
$$| \qquad\ | \quad \text{et } CH^3 - C$$
$$Br \qquad Br \qquad\qquad\qquad - H.$$

Avec les *corps organisés* nous arrivons à une complexité encore
plus grande de la molécule, mais les propriétés n'en sont pas
moins de même nature.

1, Nous avons déjà vu que, au point de vue chimique pur, on
ne trouve aucune différence entre la matière inerte et la matière
vivante. On n'est jamais parvenu à isoler dans un corps vivant un
seul corps simple qui n'existe dans le règne minéral ordinaire. On
n'a pas pu nécessairement faire cette analyse pendant la vie (nos
moyens actuels d'investigation ne nous le permettent pas), mais il
est probable qu'il en est de même. Nous savons qu'un cristal de
spath d'Islande est formé de carbonate de chaux : l'analyse chimique nous le démontre ; et cependant, si nous faisons agir de
l'acide carbonique sur de la chaux vive, nous obtiendrons un

corps qui ne ressemblera en rien au spath et sera pourtant entièrement semblable comme formule au produit que nous a donné l'analyse du cristal cité plus haut. Dans ce cas, aucune objection ne sera faite pour mettre en doute la rigueur du procédé d'analyse employé. Les corps organiques organisés sont composés, il est vrai, de substances dont on connaît à peine la structure moléculaire et que les chimistes n'ont pas pu encore reproduire par synthèse, par exemple la molécule albuminoïde. Cela tient à ce que la structure de ces corps est si compliquée, qu'elle ne peut se produire que pendant la vie. La nature a, en effet, une manière de modifier l'énergie beaucoup plus perfectionnée que la nôtre, et elle arrive au même but en employant des moyens plus délicats. Si nous voulons, par exemple, oxyder une substance organique, nous ne pouvons souvent y parvenir dans nos laboratoires qu'en mettant en action une telle quantité de chaleur, que toute matière organisée serait forcément détruite avant même que la réaction ait pu se produire. La nature, au contraire, provoque ces mêmes réactions chez l'être vivant au moyen des fermentations (oxydases), qui ne mettent en mouvement que la quantité d'énergie nécessaire à la production du phénomène.

Nous avons pu d'ailleurs déterminer avec précision le mode de groupement des atomes de la plupart des produits de dédoublement des corps dont nous ne connaissons pas encore la structure moléculaire vraie; nous avons même pu en reproduire un grand nombre par synthèse. Il est probable que, lorsque nous serons mieux outillés, nous pourrons reproduire les substances protoplasmiques elles-mêmes, et dans ce cas nous serons maîtres de la vie.

2. *Les propriétés des corps vivants diffèrent-elles de celles présentées par la matière inerte?* Comme dans le monde inorganique, on peut constater chez les êtres vivants deux sortes de manifestations. *a.* Les unes consistent dans la satisfaction des affinités que les molécules qui entrent dans leur constitution affectent avec le milieu environnant : elles peuvent être rangées pour la plupart au nombre des fermentations. Nous les avons suffisamment étudiées quand nous nous sommes occupés de l'irritabilité nutritive, et nous avons vu que les réactions qui caractérisent les actions diastasiques n'ont rien de surnaturel : elles peuvent en effet, non seulement se passer en dehors de l'orga-

nisme, mais encore être produites par certaines substances minérales (ferments minéraux de Duclaux, succinate de manganèse de Bertrand). *b*. Les autres résultent des transformations de l'énergie mise en mouvement pendant le fonctionnement protoplasmique. Il se produit alors des phénomènes de chaleur, électricité, mouvement, lumière, ayant une grande analogie avec les mêmes phénomènes présentés par la matière inorganique.

On peut comparer, par l'équation suivante, les phénomènes de formation de l'eau sous l'influence de l'étincelle électrique et ceux qui se passent par exemple dans la contraction musculaire. D'un côté on a :

$H^2 + O +$ étincelle électrique $=$ eau $+$ chaleur.

De l'autre on observe :

Glycogène $+ O +$ excitant électrique ou nerveux égale certains produits comme par exemple l'acide lactique, l'eau, l'acide carbonique, plus un dégagement de chaleur qui est transformé en mouvement.

Les réactions sont simplement plus compliquées dans ce dernier cas, et on peut répéter avec Descartes que la vie n'est qu'un effet supérieur des lois de la mécanique.

En somme, toutes ces divisions des corps sont plutôt artificielles. Les corps organiques, qu'ils soient organisés ou non, présentent dans leur structure les mêmes éléments que les corps inorganiques, mais avec un groupement beaucoup plus complexe de la molécule. Leurs fonctions doivent par conséquent être plus nombreuses et plus difficiles à comprendre. Nous avons pris l'habitude de donner le nom d'*irritabilité* aux phénomènes dont les corps vivants sont le siège, tandis que nous avons réservé celui d'*affinité* aux mêmes phénomènes se passant dans la matière non organisée. Mais il faut bien considérer que ces deux mots ne sont que l'expression d'un même fait appliqué au fonctionnement de corps que nous étions habitués à croire d'essence différente. On peut très bien faire un rapprochement entre les phénomènes qui caractérisent la contraction musculaire et ceux que nous observons lorsque le potassium est mis en présence de l'eau. Nous voyons dans ce dernier cas une flamme violette accompagner la réaction, et si nous appliquions à ce simple fait de chimie générale les idées et les expressions usitées en physiologie, nous ne manquerions pas de dire que l'irritabilité du potassium est mise en action par le contact de l'eau et que le résultat de l'excitation est une production lumineuse.

Ce qui fait que ce phénomène nous paraît tout naturel, c'est que nous connaissons toute la série de combinaisons et de décompositions qui aboutissent à la production de lumière (décomposition de l'eau, formation de potasse, inflammation de l'hydrogène dégagé, volatilisation d'une partie du potassium). Il n'en est pas de même dans le premier cas. On ne saisit pas bien les intermédiaires qui existent entre la contraction musculaire et l'excitation électrique du nerf et on a été autrefois porté à faire intervenir dans la production du phénomène un principe indépendant de la matière. Nous nous rendons parfaitement compte à présent que les réactions qui ont lieu dans ce cas doivent être toutes d'origine physico-chimique, et il ne faut plus songer à faire intervenir un principe immatériel dans le fonctionnement d'une patte de grenouille détachée de l'animal et dont les muscles ont cependant conservé toute leur irritabilité.

Comme le dit Ch. Robin (Dict. Dechambre, art. *Biologie,* pages 467 à 483) : « la vie n'est que le résultat des modes de l'activité « de la matière organisée en rapport avec le milieu qui l'entoure : « elle ne peut être ni un principe ni un résultat de quelque force « isolable, pas plus que l'attraction et l'affinité. Dans la fibre « musculaire ou dans les éléments nerveux placés dans des con- « ditions physiologiques et exerçant leur fonction, il n'y a pas « plus d'excitabilité au-dessus et en dehors de la contractilité et « de l'innervation, qu'il n'y en a dans le fer qui s'oxyde au « contact de l'air et de l'eau. En dehors des corps simples et de « leurs propriétés communes, les notions de principe et d'unité « ne sont que des vues subjectives de l'esprit et nullement des « notions abstraites inductives; car la science ne démontre ni « l'existence d'un principe matériel, ni celle d'un principe dyna- « mique, mais celle seulement d'un ensemble de corps escortés « d'un ensemble de propriétés ».

Il reste encore, en dehors des questions que nous avons étudiées dans ce travail, un grand nombre de problèmes qui sont loin encore d'être résolus et parmi lesquels je citerai les deux suivants.

 1. *Quelle force règle l'évolution de l'être vivant à partir de l'ovule?* — Comment se fait-il que, de deux cellules en apparence semblables, se développent deux animaux absolument différents? Comment se fait-il encore que cette cellule, paraissant de structure si simple, évolue de manière à donner toujours naissance

par division successive, à un individu ayant constamment la même complexité que celui qui l'a produite. Y a-t-il là une force évolutive, des lois préétablies, comme le disait Claude Bernard, qui poussent l'œuf à se développer, et cela en dehors de toute action extérieure connue? Cette question ne doit pas d'ailleurs être soulevée à propos seulement des phénomènes vitaux : elle doit aussi être posée pour l'évolution générale des corps que renferme l'univers.

a. *Quelle est la nature des phénomènes dits psychiques dont les animaux supérieurs et l'homme sont le siège? Ces phénomènes sont-ils chez ce dernier réellement séparés du corps qui ne ferait que conditionner leur manifestation?*

Il est impossible à l'heure actuelle de répondre avec précision, et devant le mystère qui voile encore l'intelligence de certaines manifestations de la vie, le savant doit modérer les écarts de son imagination et se contenter d'observer si, parmi les phénomènes qui se présentent ou qu'il provoque, il n'en surgira pas qui illumineront d'un jour tout nouveau les faits dont la compréhension semblait si obscure. Je ne pourrais mieux faire, en terminant, que de reproduire cette phrase de Marey (Du mouvement dans les fonctions de la vie). « Pour ma part, je ne connais pas les « phénomènse vitaux : je ne constate que deux sortes de manifestations de la vie : celles qui sont intelligibles pour nous « (elles sont toutes d'ordre physique ou chimique) et celles qui « ne sont pas intelligibles. Pour ces dernières, il vaut mieux « avouer son ignorance que de la déguiser derrière des semblants « d'explication ».

Georges CARRÉ et C. NAUD, Éditeurs, 3, rue Racine, Paris 1

L'Enseignement Mathématique
REVUE INTERNATIONALE

PARAISSANT TOUS LES DEUX MOIS

Par fascicules in-8° raisin de 80 pages.

DIRECTEURS :

C.-A. LAISANT	H. FEHR
Docteur ès-sciences	Docteur ès-sciences
Examinateur d'admission	Privat-Docent à l'Université de Genève
à l'École polytechnique de Paris	Professeur
	au Collège et à l'École professionnelle

COMITÉ DE PATRONAGE :

MM. P. APPELL (Paris); — N. BOUGAIEV (Moscou); — Moritz CANTOR (Heidelberg); — L. CREMONA (Rome); — E. CZUBER (Vienne); — Z.-G DE GALDEANO (Saragosse); — A.-G. GREENHILL (Woolwich); — F. KLEIN (Göttingen); — V. LIGUINE (Varsovie); — P. MANSION (Gand); — MITTAG-LEFFLER (Stockholm); — G. OLTRAMARE (Genève); — Julius PETERSEN (Copenhague); — E. PICARD (Paris); — H. POINCARÉ (Paris); — P.-H. SCHOUTE (Groningue); — C. STEPHANOS (Athènes); — F. Gomes TEXEIRA (Porto); — A. VASSILIEF (Kasan); — ZIWET (Ann-Arbor, Michigan, U. S. A).

PRIX DE L'ABONNEMENT ANNUEL :

France et Colonies, Suisse, **12 fr.** ; Union postale, **15 fr.**
Le numéro, **3 fr.**

Tous ceux qui s'intéressent à la Science mathématique et à ses progrès savent quelle importance il faut attribuer à l'enseignement. Or, les mathématiciens des divers pays vivent à cet égard dans une ignorance presque complète de ce qui se fait au delà des frontières. Il y aurait cependant un intérêt considérable à connaître l'organisation de l'enseignement, les programmes, les méthodes pédagogiques, les tentatives de perfectionnements, les modifications qui surviennent, etc. De là est sortie l'idée de l'*Enseignement mathématique*, qui, dès son apparition, a groupé des adhésions illustres, qui nous sont bien précieuses. Cet organe international s'attache surtout à l'enseignement secondaire ou moyen, mais sans négliger aucune des autres branches. Il a un caractère franchement international, bien que publié en langue française.

L'*Enseignement mathématique* paraît tous les deux mois par fascicules de 80 pages in-8 raisin.

2 *Georges CARRÉ et C. NAUD, Éditeurs, 3, rue Racine, Paris*

COURS

DE

PHYSIQUE MATHÉMATIQUE

De M. H. POINCARÉ

MEMBRE DE L'INSTITUT

1° Théorie mathématique de la lumière. — I. Leçons professées pendant le premier semestre 1887-1888, 1 volume in-8°, 420 pages. . . **16 fr. 50**

2° Électricité et Optique. — I. Les théories de Maxwell et la théorie électro-magnétique de la lumière. Leçons professées pendant le second semestre 1888-89, 1890. 1 vol. in-8° de 340 pages avec fig., 2° édit. (*Sous presse*).

II. Les théories de Helmoltz et les expériences de Hertz. Leçons professées pendant le second semestre 1889-90. 1891. 1 vol. in-8° de xii-264 pages, 2° édit. (*Sous presse*).

3° Thermodynamique. — Leçons professées pendant le premier semestre 1888-89. 1892. 1 vol. in-8° de xx-432 pages. . . . . **16 fr. »**

4° Leçons sur la théorie de l'Élasticité, professées pendant le premier semestre 1890-91. 1 vol. in-8° de 210 pages.. . . . . **6 fr. 50**

5° Théorie mathématique de la lumière. — II. Nouvelles études sur la diffraction. Théorie de la dispersion de Helmoltz. Leçons professées pendant le premier semestre 1887-88. 1892. 1 vol. in-8° raisin de vi-312 pages, avec figures. . . . . **10 fr. »**

6° Théorie des tourbillons. — Leçons professées pendant le deuxième semestre 1891-92. 1893. 1 vol in-8° raisin de vi-212 p., avec fig. . **6 fr. »**

7° Les oscillations électriques. — Leçons professées pendant le premier semestre 1892-93, rédigées par Ch. Maurain, ancien élève de l'École normale supérieure, agrégé de l'Université. 1894. 1 vol. in-8° raisin de 344 pages, avec figures.. . . . . **12 fr. »**

8° Capillarité. — Leçons professées pendant le deuxième semestre 1888-89, rédigées par J. Blondin, agrégé de l'Université. 1895. 1 vol. in-8° raisin de 196 pages, avec figures. . . . . **5 fr. »**

9° Théorie analytique de la propagation de la chaleur. — Leçons professées pendant le premier semestre 1893-94, rédigées par MM. Rouyer et Baire, élèves de l'École normale supérieure. 1895. 1 vol. in-8° raisin de 320 pages, avec figures.. . . . . **10 fr. »**

10° Calcul des probabilités. — Leçons professées pendant le deuxième semestre 1893-94, rédigées par A. Quiquet, ancien élève de l'École normale supérieure. 1896. 1 vol. in-8° raisin de 280 pages, avec figures. . **9 fr. »**

11° Théorie du potentiel newtonien. — Leçons professées pendant le premier semestre 1894-95, rédigées par Ed. Leroy et Georges Vincent, de l'École normale supérieure. 1899 1 vol. in-8° raisin de 370 p., avec fig., **14 fr. »**

Georges CARRÉ et C. NAUD, Éditeurs, 3, rue Racine, Paris 3

SCIENCES PHYSIQUES ET MATHÉMATIQUES

CINÉMATIQUE ET MÉCANISMES

POTENTIEL ET MÉCANIQUE DES FLUIDES

COURS PROFESSÉ A LA SORBONNE

Par H. POINCARÉ

MEMBRE DE L'INSTITUT

Rédigé par A. Guillet.

1 vol. in-8° raisin de 392 pages, avec 279 figures. . . . . 15 fr.

UNITÉS ÉLECTRIQUES

ABSOLUES

LEÇONS PROFESSÉES A LA SORBONNE EN 1884-1885

Par G. LIPPMANN

MEMBRE DE L'INSTITUT

Rédigées par A. Berget, docteur ès sciences.

1 vol. in-8° raisin de 230 pages, avec figures. Prix . 10 fr. »

ÉLÉMENTS

D'ANALYSE MATHÉMATIQUE

A L'USAGE DES INGÉNIEURS ET DES PHYSICIENS

COURS PROFESSÉ A L'ÉCOLE CENTRALE DES ARTS ET MANUFACTURES

Par P. APPELL

MEMBRE DE L'INSTITUT

1 vol. in-8° raisin de 720 pages, avec figures, cartonné à l'anglaise.
Prix : 24 francs.

4   Georges CARRÉ et C. NAUD, Éditeurs, 3, rue Racine, Paris

BIBLIOTHÈQUE DE LA REVUE GÉNÉRALE DES SCIENCES

Vient de Paraître

HISTOIRE
DES
MATHÉMATIQUES

PAR

Jacques BOYER

1 vol. in-8° carré, de 226 pages, avec 30 gravures,
cartonné à l'anglaise. . . . . **5 fr.**

BIBLIOTHÈQUE DE LA REVUE GÉNÉRALE DES SCIENCES

Vient de Paraître

MESURE
DES
TEMPÉRATURES ÉLEVÉES

PAR

H. LE CHATELIER
INGÉNIEUR EN CHEF DES MINES, PROFESSEUR AU COLLÈGE DE FRANCE

ET

O. BOUDOUARD
PRÉPARATEUR AU COLLÈGE DE FRANCE

1 volume in-8° carré, cartonné à l'anglaise. . . **5 fr.**

BIBLIOTHÈQUE DE LA REVUE GÉNÉRALE DES SCIENCES

Vient de Paraître

ÉQUILIBRE

DES

SYSTÈMES CHIMIQUES

PAR

J. WILLARD-GIBBS

PROFESSEUR AU COLLÈGE YALE, A NEWHAVEN

Traduit par Henry LE CHATELIER

INGÉNIEUR EN CHEF DES MINES, PROFESSEUR AU COLLÈGE DE FRANCE

1 volume in-8° carré de 212 pages,
avec figures, cartonné à l'anglaise. . , . . . **5 fr·**

BIBLIOTHÈQUE TECHNOLOGIQUE

Vient de Paraître

LES SUCRES

ET LEURS PRINCIPAUX DÉRIVÉS

PAR

L. MAQUENNE

PROFESSEUR AU MUSÉUM D'HISTOIRE NATURELLE

1 volume in-8° carré de 1032 pages,
cartonné à l'anglaise. . . . . **16 fr.**

BEDELL (F.) et CREHORE (A. C.), professeurs à l'Université de Cornell. — **Étude analytique et graphique des courants alternatifs**, ouvrage traduit de la deuxième édition anglaise par J. Berthon, ingénieur des arts et manufactures. 1 vol. in-8° raisin de 272 pages, avec figures. . . **10 fr.** »

BOUASSE (Henri), ancien élève de l'École normale supérieure, maître de conférences à la Faculté des sciences de Toulouse. — **Introduction à l'Étude des Théories de la mécanique.** 1895. 1 vol. in-8° raisin de viii-304 pages, avec figures. **6 fr.** »

FOUSSEREAU (G.), maître de conférences à la Faculté des sciences de Paris. — **Polarisation rotatoire.** Réflexion et Réfraction vitreuses. Réflexion métallique. Leçons faites à la Sorbonne en 1891-92, rédigées par J. Lemoine, agrégé de l'Université. 1893. 1 volume in-8° raisin de viii-344 pages, avec 140 figures. **12 fr.** »

GREENHILL (Alfred-George), professeur de mathématiques au Collège de Wolwich. — **Les fonctions elliptiques et leurs applications.** Ouvrage traduit de l'anglais par J. Griess, professeur de mathématiques au lycée d'Alger. 1895. 1 vol. in-8° raisin de 572 pages, avec figures. . . . . . **18 fr.** »

JAMET (V.), docteur ès sciences mathématiques, professeur au lycée de Marseille. — **Traité de mécanique**, à l'usage des candidats à l'École polytechnique. 1893. 1 vol in-8° raisin de 252 pages, avec figures. . . . . . **5 fr.** »

LAISANT (C.-A.). — **La Mathématique.** Philosophie. Enseignement. 1898. 1 vol. in-8° carré de 292 pages, cartonné à l'anglaise (*Bibliothèque de la Revue générale des Sciences.*). . . . . **5 fr.** »

LION (G.). — **Traité élémentaire de cristallographie géométrique,** à l'usage des candidats à la licence et des chimistes. 1891. 1 vol. in-8° de 152 pages, avec 134 figures. . . . . **5 fr.** »

OSSIAN-BONNET, membre de l'Institut. — **Astronomie sphérique.** Notes sur le cours professé pendant l'année 1887, rédigées par MM. Blondin et Guillet. Premier fascicule. 1889. 1 vol. in-8° de 116 pages. . . . **5 fr.** »

PALAZ (Adrien), professeur à l'Université de Lausanne. — **Traité de Photométrie industrielle,** spécialement appliquée à l'éclairage électrique. 1892. 1 vol. in-8° raisin de 300 pages, avec 92 figures. . . . . . . **9 fr.** »

PELLAT (H.), professeur adjoint à la Faculté des Sciences de Paris. — **Leçons sur l'Électricité** (électrostatique, pile, électricité atmosphérique), faites à la Sorbonne 1888-89, rédigées par J. Blondin, agrégé de l'Université. 1890. 1 vol. in-8° raisin de 416 pages, avec 142 figures.. . . . . **12 fr.** »

— **Polarisation et Optique cristalline.** Leçons professées à la Sorbonne, rédigées par MM. Duperray et Gallotti. 1896. 1 vol. in-8° raisin de 284 pages, avec 141 figures. . . . . **9 fr.** »

— **Thermodynamique.** Leçons professées à la Sorbonne en 1895-96, et rédigées par MM. Duperray, agrégé de l'Université, professeur au lycée de Nantes, et Goisot, ancien élève de l'École normale supérieure, préparateur à la Sorbonne. 1897. 1 vol. in-8° raisin de 314 pages, avec 50 figures. . **12 fr.** »

PUISEUX (P.), maître de conférences à la Faculté des sciences de Paris. — **Leçons de Cinématique.** Mécanismes. Hydrostatique. Hydrodynamique ; Cours professé à la Sorbonne, rédigé par MM. P. Bourguignon et H. Le Barbier. 1890. 1 vol. in-8° de viii-340 pages, avec figures. . . . . . **9 fr.** »

SOUCHON (Abel), membre adjoint du Bureau des longitudes, attaché à la rédaction de la Connaissance des Temps. — **Traité d'astronomie théorique,** contenant l'exposition du calcul des perturbations planétaires et lunaires, et son application à l'explication et à la forme des tables astronomiques, avec une introduction historique et de nombreux exemples numériques. Ouvrage dédié aux astronomes, aux marins et aux élèves de l'Enseignement supérieur. 1891. 1 vol. grand in-8° de viii-504 pages. . . . . **16 fr.** »

VOYER (J.), capitaine du génie. — **Théorie élémentaire des courants alternatifs.** 1894. in-8° écu de 92 pages, avec 50 figures. . . . **2 fr.** »

WOLF (G.), membre de l'Institut, astronome de l'Observatoire de Paris. —
— **Astronomie et Géodésie**. Cours professé à la Sorbonne, rédigé par
MM. H. Le Barbier et P. Bourguignon, licenciés ès sciences. 1891. 1 vol. in-8°
vii-416 pages, avec figures dans le texte. . . . . **10 fr.** »

ZENGER (Ch.-V.), professeur à l'École polytechnique de Prague. — **Le
Système du monde électro-dynamique**. 1893. Brochure in-8° raisin de
64 pages, avec 17 figures. . . . . **2 fr.** »

CHIMIE

BARRAL (E.), professeur agrégé à la Faculté de médecine de Lyon. —
Résumé et tableaux d'analyse qualitative minérale. 1898. 1 vol. in-8°
cart. à l'anglaise. . . . . **2 fr.** »

BÉHAL (Aug.), professeur agrégé à l'École de Pharmacie. — **Étude théorique sur les composés azoïques** et leurs emplois industriels. 1889. 1 vol.
in-8° raisin de 174 pages. . . . . **6 fr.** »

EFFRONT (J.), directeur de l'Institut des fermentations. — **Les Enzymes
et leurs applications**. 1899. 1 vol. in-8° carré, de 370 pages, cart. à l'anglaise. . . . . **9 fr.** »

FRIEDEL (Ch.), membre de l'Institut. — **Conférences faites au Laboratoire de chimie organique** de la Faculté des Sciences. 1888-94. 4 vol.
in-8° raisin. **26 fr.** »

GARROS (F.). — **Étude sur les acides gummiques** ; nouveau sucre
en C5 « Prunose ». 1894. Brochure in-8 raisin de 92 pages. . . **3 fr.** »

GUÉRIN (G.), professeur agrégé à la Faculté de médecine de Nancy. —
Traité pratique d'analyse chimique et de recherches toxicologiques. 1893.
1 vol. in-8° raisin de 500 pages, avec 75 fig. et 5 planches en chromolitho-
graphie. . . . . **15 fr.** »

HANTZSCH. — **Précis de Stéréochimie**, traduct. française par MM. Guye
et Gautier. 1896. 1 vol. in-8° raisin de 224 pages, avec figures.. . **8 fr.** »

MESLANS (M.). — **Sur l'éthérification de l'acide fluorhydrique.**
1893. in-8° raisin de 44 pages. . . . . **4 fr.** »

MEYER (Lothar). — **Les théories modernes de la chimie** et leur
application à la mécanique chimique. Ouvrage traduit de l'allemand par MM.
A. Bloch et Meunier. 1887-89. 2 vol. in-8° raisin d'ensemble 780 pages. **25 fr.** »

MOUREU (Ch.), pharmacien en chef des Asiles de la Seine — **Étude théorique sur les composés pyridiques et hydropyridiques**. 1894. 1 vol.
in-8° raisin de 148 pages. . . . . **6 fr.** »

OSTWALD (W.), professeur à l'Université de Leipzig.— **Abrégé de chimie
générale**. Ouvrage trad. de l'allemand par M. G. Charpy. 1893. 1 vol in-8°
raisin de 456 pages. . . . . **12 fr.** »

REYCHLER (A.). — **Les théories physico-chimiques**. 1897. 1 vol.
in-8° raisin de 282 pages, avec 50 figures.. . . . . **6 fr.** »

THOMAS-MAMERT (R.). — **Sur l'application de la Stéréochimie** aux
réactions internes entre les radicaux éloignés d'une même molécule. 1895. Brochure in-8° raisin.. . . . . **2 fr.** »

VAN t'HOFF (J.-H.) — **Stéréochimie**. 1892. 1 vol. in-8° raisin de
176 pages.. . . . . **6 fr. 50**

NIETZKI. — **Chimie des matières colorantes** *(Sous presse)*.

H. ARMAGNAT
Chef du bureau des mesures électriques des ateliers Carpentier

INSTRUMENTS ET MÉTHODES
DE
MESURES ÉLECTRIQUES INDUSTRIELLES
1 vol. in-8° carré de 588 pages, avec 175 figures, cartonné à l'anglaise
Prix : **12** francs.

G. ARTH
Professeur de Chimie industrielle à la Faculté des Sciences de Nancy

RECUEIL DE PROCÉDÉS DE DOSAGE
POUR L'ANALYSE
des Combustibles, des Minerais de fer, des Fontes, des Aciers et des Fers
1 vol. in-8° carré de 313 pages, avec 61 figures et 1 planche hors texte,
cartonné à l'anglaise : **8** fr.

Émile FLEURENT
Docteur ès siences, professeur de Chimie industrielle au Conservatoire national
des Arts et Métiers

MANUEL D'ANALYSE CHIMIQUE
APPLIQUÉE A L'EXAMEN
DES PRODUITS INDUSTRIELS ET COMMERCIAUX
1 volume in-8° carré de 582 pages avec 101 figures. — Prix : **12** francs.

Lucien LÉVY
Docteur ès sciences, ingénieur agronome, professeur de distillerie à l'École nationale
des industries agricoles

LA PRATIQUE DU MALTAGE
1 volume in-8° carré de 250 pages, avec 53 figures, cartonné à l'anglaise.
Prix : **7** francs.

E. SOREL
Ex-ingénieur des Manufactures de l'État

DISTILLATION & RECTIFICATION INDUSTRIELLES
1 volume in-8° carré de 408 pages, avec 46 figures, cartonné à l'anglaise.
Prix : **12** francs.

Jean EFFRONT
Professeur à l'Université nouvelle de l'Institut des Fermentations de Bruxelles.

LES ENZYMES ET LEURS APPLICATIONS
1 volume in-8° carré de 372 pages, cartonné à l'anglaise. — Prix : **9** francs.

Sous presse :

NIETZKI. — Chimie des matières colorantes.
LÉVY. — Microbiologie de la distillerie. — Ferments. — Microbes.
     Préparation des moûts.
EFFRONT. — Les matières albuminoïdes et leurs enzymes.
PÉLISSIER. — Les automobiles.
VIVARÈS. — L'électricité.
CHEVRIER. — La pratique industrielle des courants alternatifs.
GRANGER. — La céramique. — Chimie et technologie.
LABBÉ. — Les parfums.

CHARTRES. — IMPRIMERIE DURAND, RUE FULBERT.

Documents manquants (pages, cahiers...)

NF Z 43-120-13

www.ingramcontent.com/pod-product-compliance
Ingram Content Group UK Ltd.
Pitfield, Milton Keynes, MK11 3LW, UK
UKHW020316130726
13696UKWH00003B/1097